Duden Ratgeber

Bewerben mit 45 +

Duden Ratgeber

Bewerben mit 45 +

Von Angelika Rodatus
in Zusammenarbeit mit
der Dudenredaktion

Dudenverlag
Berlin

Die **Duden-Sprachberatung** beantwortet Ihre Fragen zu Rechtschreibung, Zeichensetzung, Grammatik u.Ä.
montags bis freitags zwischen 09:00 und 17:00 Uhr.
Aus Deutschland: **09001 870098** (1,99 € pro Minute aus dem Festnetz)
Aus Österreich: **0900 844144** (1,80 € pro Minute aus dem Festnetz)
Aus der Schweiz: **0900 383360** (3,13 CHF pro Minute aus dem Festnetz)
Die Tarife für Anrufe aus den Mobilfunknetzen können davon abweichen.
Den kostenlosen Newsletter der Duden-Sprachberatung können Sie unter www.duden.de/newsletter abonnieren.

Bibliografische Information der Deutschen Nationalbibliothek
Die Deutsche Nationalbibliothek verzeichnet diese Publikation in der Deutschen Nationalbiografie; detaillierte bibliografische Daten sind im Internet über http://dnb.d-nb.de abrufbar.

Bibliographisches Institut GmbH, Mecklenburgische Straße 53, 14197 Berlin

Redaktionelle Leitung Sophie Schwaiger
Redaktion Dr. Hildegard Hogen
Autorin Angelika Rodatus
Herstellung Monique Markus

Typografie init · Büro für Gestaltung
Umschlaggestaltung Büroecco, Augsburg
Satz fotosatz griesheim GmbH
Druck und Bindung Beltz Bad Langensalza GmbH, Am Fliegerhorst 8, 99947 Bad Langensalza
Printed in Germany

ISBN 978-3-411-73562-4

Inhalt

Bewerben mit mehr als 45 Jahren

Wer 45 oder gar 50 Jahre alt wird, hat sie überschritten – die unsichtbare Altersgrenze. Wer »in diesem Alter« auf Jobsuche geht, weil er noch einmal neu durchstarten will oder weil ihn seine berufliche Situation dazu zwingt, der wird in der Regel von seinem Umfeld skeptisch beäugt. Es mangelt nicht an Einwänden und Vorurteilen. Beinahe jeder kennt Beispiele von älteren Arbeitssuchenden, die Dutzende oder gar Hunderte von Bewerbungen geschrieben haben und keine neue Festanstellung finden. Doch es wäre unklug, sich von den negativen Stimmungen anderer anstecken zu lassen, selbst wenn sie von den Medien noch verstärkt werden. Denn es wird nur selten erwähnt, dass es auch sehr viele positive Beispiele gibt: Bewerber über 50, die schon nach kurzer Jobsuche oder mit dem entsprechenden Durchhaltevermögen etwas Neues gefunden haben und erfolgreich und glücklich mit ihrer neuen Arbeitssituation sind.

Das Alter als Problem?

Die Vorurteile in der Gesellschaft sitzen tief.

Sucht man in den Medien nach Beiträgen zu Bewerbern oder Arbeitnehmern, die über 45 oder 50 Jahre alt sind, begegnet man immer wieder demselben Etikett, das den Angehörigen dieser Altersgruppe auf dem Arbeitsmarkt angeheftet wird: Sie sind alt. Und daran ändern auch die mehr oder weniger beschönigenden Formulierungen nichts. Von »ältere Arbeitnehmer« über »Mitarbeiter im fortgeschrittenen Alter« bis zu »Alte im Job« findet man in den Medien und der Literatur alle möglichen Bezeichnungen, die Erwerbstätigen in dieser Altersgruppe immer wieder suggerieren, dass sie jetzt zum alten Eisen gehören. Mit 44 Jahren ist man noch bei den Jungen, ab 45 Jahren trägt man bereits den Stempel »alt« auf dem Lebenslauf und es wird schwierig auf dem Arbeitsmarkt. Das ist die Botschaft. Kein Wunder, dass die meisten Menschen in unserer Gesellschaft Angst vor dem Alter haben.

Selbstzweifel bei den Arbeitnehmern

Jugend gilt mehr.

Und schnell beginnt bei vielen Arbeitnehmern jedes Jahr, das sie nach dem 40. Geburtstag auf ihrem Lebenskalender verbuchen, mehr an ihrem Selbstwertgefühl zu nagen. Zweifel und Ängste tauchen auf: Bin ich in ein paar Jahren noch leistungsfähig genug, um auf dem Arbeitsmarkt zu bestehen? Was passiert, wenn ich meinen Job verliere? Droht mir Langzeitarbeitslosigkeit?
Falls dann der Arbeitsplatz – aus welchen Gründen auch immer – tatsächlich verloren geht, machen sich Arbeitnehmer mit dieser pessimistischen Einstellung zu sich selbst auf die Jobsuche. Oft zeigen sie schon in ihrem Bewerbungsschreiben, spätestens aber im Vorstellungsgespräch, dass sie ihr Alter für eine ihrer größten Schwächen halten, und entschuldigen sich dafür. So programmieren sie Absagen und damit verbundene Enttäuschungen quasi von Anfang an selbst mit.

In den letzten 100 Jahren ist die Lebenserwartung um rund 30 Jahre gestiegen.

Objektiv sind die Zweifel an der eigenen Leistungsfähigkeit in diesem Alter jedoch bei den meisten unangebracht. Einerseits werden über 45- oder über 50-Jährige auf dem Arbeitsmarkt kritisch betrachtet. Andererseits ist diese Altersgruppe in der Gestaltung ihres Lebens in Familie, Beruf und Freizeit heute wesentlich aktiver, jugendlicher und dynamischer, als es die gleiche Altersgruppe vor 30 oder 40 Jahren war. Man spricht von den Best Agers – und diese Bezeichnung scheint treffend –, weil viele Menschen dieser Altersgruppe tatsächlich ein junges, vitales Leben in den besten Jahren führen.

Risiko der Arbeitslosigkeit steigt

IT-bezogene Geschäftsfelder sind besonders jugendorientiert, was Mitarbeiter anbelangt.

Und dennoch: Wer die 50 überschritten hat und in diesem Alter seinen Job verliert, hat ein hohes Risiko, länger ohne Arbeit zu sein beziehungsweise keine seiner früheren Position adäquate Stelle mehr zu finden. Besonders in jungen, schnelllebigen Branchen werden Bewerber, die die 45 überschritten haben, nicht mehr so gern eingestellt, vor allem, wenn sie einige Zeit nicht in ihrem Beruf tätig waren. Auch nach den Kategorien, die die Europäische Union bildet,

werden Menschen jenseits der 45 als »ältere Arbeitnehmer« bezeichnet.
Ilona Mirtschin, Sprecherin der Bundesagentur für Arbeit, nennt konkrete Zahlen: Arbeitnehmer, die 50 Jahre oder älter sind und ihren Job verlieren, suchen durchschnittlich 51 Wochen, bis sie ein neues Anstellungsverhältnis haben. Jüngere Arbeitnehmer dagegen sind im Schnitt nur 33 Wochen arbeitslos. Die gute Nachricht: Auch wenn die Bewerbungsphase etwas länger dauert, finden die meisten wieder einen neuen Arbeitgeber, selbst wenn sie die 50 überschritten haben.

Langzeitarbeitslose haben es besonders schwer.

Die Schwierigkeiten, eine neue Stelle zu finden, nehmen mit der Dauer der Arbeitslosigkeit zu, weil die Betroffenen zu lange nicht am Berufsleben teilgenommen haben und weil ihnen moderne Qualifikationen fehlen.
Die besten Chancen haben Best Ager, die sich aus einer Festanstellung heraus bewerben, weil sie zum Beispiel eine neue Herausforderung suchen. Denn ein wichtiges Kriterium für Personalverantwortliche bei der Bewerberauswahl besteht nach wie vor darin, ob der Bewerber noch in einem Arbeitsverhältnis steht oder nicht.

Weitverbreitete Vorurteile

Erfahrene Mitarbeiter werden generell wertgeschätzt.

Warum aber ist es für 45+-Bewerber überhaupt schwieriger und langwieriger, einen neuen Job zu finden? Denn langjährige Mitarbeiter über 45 Jahre – das zeigt die Praxis – werden in ihren Betrieben durchaus geschätzt und können mit Unterstützung rechnen. Arbeitssuchende über 45 ernten dagegen paradoxerweise vor allem Absagen.

Wann Alter keine Rolle spielt

Ein Blick auf die Altersstruktur der Erwerbstätigen in Toppositionen zeigt, dass hier sogar die Mehrzahl 45 Jahre und älter ist. Nimmt man das Alter von Vorständen und Aufsichtsräten in vielen Unternehmen oder auch von Politikern genauer unter die Lupe, scheinen hier die Lebens-

Als Angela Merkel mit Anfang 50 zur Bundeskanzlerin gewählt wurde, galt sie als junge Kanzlerin.

jahre keine Rolle zu spielen. Kaum jemand würde das Wort »alt« in den Mund zu nehmen, wenn zum Beispiel von einem Vorstandsmitglied der Siemens AG oder eines anderen großen Konzerns die Rede ist. Das Geburtsdatum vieler heutiger Vorstände liegt zwischen 1955 und 1965. Auch viele Freiberufler und Unternehmer lenken ihre Geschäfte weiterhin mit viel Dynamik, Überblick und Erfolg, obwohl sie 50, 60, manchmal sogar über 70 Jahre alt sind. Dabei steht außer Zweifel, dass ihnen ihre Aufgaben ein hohes Maß an Leistungsfähigkeit und Belastbarkeit abverlangen.

Ältere Topmanager profitieren von ihrer außergewöhnlichen Karriere.

»Topmanager und Unternehmer nehmen bei den Erwerbstätigkeiten insofern eine Sonderrolle ein, als sie zu einem bestimmten Zeitpunkt ihrer Karriere den entscheidenden Schritt in die erste Hierarchieebene eines Unternehmens, einer Organisation oder in die Selbstständigkeit geschafft haben. Sie haben damit starken Erfolgswillen und die Fähigkeit zu außergewöhnlichen beruflichen Leistungen bewiesen«, sagt dazu Falk Runge, Vice President und Mitglied der Geschäftsleitung bei Kienbaum. Allerdings hat die Wirtschaftskrise auch gezeigt: Verlieren Topmanager ihre herausragende Position, geht es vielen genauso wie dem durchschnittlichen Arbeitnehmer. Sie haben Schwierigkeiten, eine neue adäquate Position zu finden. »Trotz des einschneidenden demografischen Wandels in Deutschland hat ein wirkliches Umdenken noch nicht stattgefunden«, stellt Runge fest.

Vorbehalte gegenüber älteren Arbeitnehmern

Viele Personalverantwortliche denken immer noch in alten Mustern.

Personalverantwortliche führen eine Reihe von Gründen dafür an, warum sie Arbeitnehmer, die 45 Jahre oder älter sind, weniger gern einstellen. Dass es sich dabei zum Teil um Vorurteile handelt, zeigt ihre widersprüchliche Einstellung zu Best Agers, die in einer festen Anstellung sind und die viel seltener mit den gleichen Vorbehalten kämpfen müssen.

Treten Sie Vorurteilen entgegen.

Der folgende kleine Exkurs in die Gedanken- und Entscheidungswelt von Personalverantwortlichen soll Sie keinesfalls demotivieren. Im Gegenteil, er soll dazu dienen, die Entscheidungshintergründe und auch die Vorurteile von Personalverantwortlichen bei 45+-Bewerbern besser zu verstehen. So können Sie bei Ihrer Bewerbung Vorbehalten entgegenwirken, besser argumentieren und sich erfolgversprechender verkaufen.

Ältere Arbeitnehmer gelten oft als weniger leistungsfähig,

- Abnehmende Leistungsfähigkeit
  Laut Runge wird Bewerbern mit zunehmendem Alter abnehmende Belastbarkeit attestiert. »Arbeitgeber rechnen mit vermehrten Ausfällen wegen Krankheit. Zudem wird bezweifelt, dass bei 45+-Bewerbern noch genügend Potenzial vorhanden ist, das für eine Leistungssteigerung genutzt werden kann.«

Best Ager genießen einen generell besseren Kündigungsschutz als junge Mitarbeiter.

- Kündigungsschutz
  Arbeitgeber können sich von älteren Mitarbeitern schlechter trennen als von jungen. Bei betriebsbedingten Kündigungen werden ältere Arbeitnehmer eher durch die Sozialauswahl geschützt. Auch bei krankheitsbedingter Schlechtleistung von älteren Mitarbeitern müssen Arbeitgeber erst alle Möglichkeiten wie zum Beispiel Wiedereingliederungsmaßnahmen für den Mitarbeiter ausschöpfen, ehe sie sich von ihm trennen können.

Arbeitgeber rechnen mit längeren Einarbeitungszeiten.

- Keine oder nur bedingt passende Qualifikationen
  Bewerber über 45, die einige Zeit arbeitslos waren oder aus anderen Gründen nicht am Arbeitsleben teilgenommen haben, laufen Gefahr, den Anschluss an aktuelle Entwicklungen im Beruf zu verpassen. Personalverantwortliche rechnen mit einer längeren und schwierigeren Einarbeitungszeit.

Arbeitgeber befürchten mangelnde Lernfähigkeit und Flexibilität.

- Geringere Lernbereitschaft und Skepsis gegenüber Veränderungen
  Bewerbern über 45 wird nachgesagt, sie seien nicht mehr lernbereit genug und würden sich Veränderungen gegenüber häufig ablehnend verhalten. »Besonders schwierig ist

die Jobsuche für 45+-Bewerber deshalb in IT-bezogenen Geschäftsfeldern und in den New-Business-Bereichen«, weiß Falk Runge. Hier finden permanent Innovationen und rasante Entwicklungen statt, die den Mitarbeitern eine hohe Flexibilität und Lernbereitschaft abfordern. Personalverantwortliche sprechen diese beiden Eigenschaften nach wie vor eher jüngeren Mitarbeitern zu.

Ungünstiges Verhältnis von Qualifizierungskosten und »Nutzungsdauer«

Weiterbildung für ältere Mitarbeiter erscheint nicht mehr so rentabel.

Auch die Fortbildungskosten spielen eine Rolle. Neue Technologien und Arbeitstechniken erfordern vom Arbeitgeber permanente Investitionen in die Weiterbildung seiner Mitarbeiter. Davon will jedes Unternehmen nach dem Aufwand-Ertrags-Prinzip so lange wie möglich profitieren. Mitarbeiter, die erst mit Ende 40 oder Anfang 50 einsteigen und Weiterbildungsmaßnahmen benötigen, die sie auf den aktuellen Stand des Wissens bringen, können diese Investition des Unternehmens nicht mehr lange genug in Ertrag umsetzen.

Teamzusammensetzung

Für junge Teams werden junge Arbeitnehmer gesucht.

Auch die Altersstruktur in Teams kann bei der Ablehnung eine Rolle spielen. »Oft sind es auch junge Teams, in denen eine Position besetzt werden soll. Dazu passt in den Augen vieler Personalverantwortlicher ein gleichaltriger Mitarbeiter besser«, meint Falk Runge.

Kosten

Best Ager verdienen mehr.

Mitarbeiter sind für jedes Unternehmen nicht zuletzt auch ein Kostenfaktor. In den meisten Tarifverträgen werden Mitarbeiter nach dem Alter in Tarifgruppen eingeteilt. Best Ager werden hier – was ihr Einkommen anbelangt – automatisch höher eingestuft. Da liegt für die meisten Personalentscheider die Bevorzugung jüngerer Mitarbeiter nahe: Sie kosten weniger, sind gut ausgebildet, jung und entwicklungsfähig und vor allem noch formbar im Sinne des Unternehmens.

Vorteile und Stärken

45+-Mitarbeiter haben besondere Fähigkeiten.

Es liegt auch an Ihnen, mit Ihren Bewerbungen und in Ihren Vorstellungsgesprächen das Schablonendenken der Personalverantwortlichen aufzubrechen und Vorurteile zu entkräften. Rückendeckung und Argumentationshilfen erhalten Sie sowohl aus der Wissenschaft als auch aus der Praxis.

Bei sozialen Kompetenzen liegen Best Ager vorn

Professor Dr. Reinhold Nickolaus vom Institut für Erziehungswissenschaft und Psychologie an der Universität Stuttgart hat empirisch nachgewiesen, dass es Bereiche gibt, in denen Best Ager jüngeren Arbeitnehmern deutlich überlegen sind. Das betrifft vor allem die soziale Kompetenz.

Souveräner Umgang mit komplexen Sachverhalten

Generalisten mit großem Erfahrungsschatz

Viele 45+-Arbeitnehmer sind Generalisten mit großer Erfahrung und einem entsprechenden Gesamtüberblick, der es ihnen leichter macht, komplexe Probleme zu entschlüsseln und zu lösen.

Realistische Selbsteinschätzung

Realistische Selbsteinschätzung

Best Ager haben bereits Höhen und Tiefen in ihrer Berufskarriere erlebt. Sie können ihre Qualifikation, ihre Leistungsfähigkeit und ihre Persönlichkeit besser einschätzen als junge Mitarbeiter.

Vorausschauende Berücksichtigung potenzieller Komplikationen

Besonnenheit und Weitblick

Mitarbeiter, die älter als 45 Jahre sind, haben aufgrund ihrer Erfahrung einen größeren Weitblick und sind damit in der Lage, problematische Entwicklungen frühzeitig zu erkennen und vorausschauend geeignete Gegenmaßnahmen zu ergreifen.

Vermeidung und Klärung von Konflikten

Harmonisierende Wirkung im Team

Wer schon eine Reihe von Berufsjahren bewältigt hat, verfügt aufgrund seiner Erfahrung meist über eine sehr gute Menschenkenntnis. Er kann sehr schnell einschätzen, wen er wie anpacken muss, um ihn zur konstruktiven Zusammenarbeit zu bewegen. So kommen erst gar keine größeren Meinungsverschiedenheiten auf. Auch in Konfliktsituationen agieren Best Ager oft gelassener und konstruktiver als jüngere Mitarbeiter mit weniger sozialer Erfahrung im Beruf.

Zufriedenheit und Engagement

Motivation durch Zufriedenheit

45+-Mitarbeiter wollen nicht mehr auf Biegen und Brechen in kürzester Zeit die Karriereleiter aufsteigen. Sie haben erkannt, dass es vor allem darauf ankommt, dass ihre Arbeit sinnvoll ist und Zufriedenheit vermittelt. Hauptsächlich aus diesen Werten schöpfen sie Motivation und Engagement. Aus dieser Haltung heraus – das wissen sie – stellt sich der Erfolg ganz von selbst ein.
»Das falsche Bild vom unflexiblen älteren Arbeitnehmer können wir uns nicht mehr leisten«, stellte Dr. Stephan Scholtissek, ehemaliger Deutschlandchef der Managementberatung Accenture, bereits 2007 fest. »Auch die Unternehmen erkennen zunehmend, dass viele Arbeitnehmer älteren Jahrgangs ein geringeres Potenzial für Konflikte zwischen Berufs- und Privatleben mitbringen, weil diese Mitarbeiter zum Beispiel oft schon ein gefestigtes Familienleben haben.«

Verlässlichkeit und Loyalität

Enge Bindung an das Unternehmen

Die heutigen Best Ager stammen aus einer Generation, deren Angehörigen Werte wie Zuverlässigkeit und Vertrauenswürdigkeit mit auf den Weg gegeben wurden. Jobhopping ist ein Fremdwort für sie. Sie sind durchaus bereit, eine lange Bindung zu einem Unternehmen einzugehen.

Klassische Mitarbeitertugenden

- Fleiß und Pünktlichkeit
Diese als »typisch deutsch« angesehenen Eigenschaften begrüßt jeder Arbeitgeber bei einem Mitarbeiter. 45+-Mitarbeiter haben diese Tugenden noch von ihren Eltern übernommen und in ihr Verhalten im Berufsleben integriert.

Starke Nerven auch in schlechten Zeiten

- Krisenfestigkeit
Best Ager haben nicht nur persönlich Höhen und Tiefen in ihrer Karriere durchlebt, sie haben auch Rezessionen und Wirtschaftskrisen durchgestanden und die Erfahrung gemacht, dass es immer wieder aufwärtsgeht. In Krisensituationen im Unternehmen reagieren sie wesentlich ruhiger und souveräner als jüngere Mitarbeiter, die oft panikartig das vermeintlich sinkende Schiff verlassen. Best Ager wirken tatkräftig mit, wenn es darum geht, das Unternehmensschiff wieder in ruhigere Gewässer zu steuern.

Mit gutem Beispiel voran

- Positive Vorbilder
Best Ager geben ihr Know-how gern an Berufsanfänger und jüngere Mitarbeiter weiter. Sie können jüngere Mitarbeiter gut anleiten und sind oft hervorragende Mentoren. In einer Studie des multinationalen Büromöbelherstellers Steelcase in Zusammenarbeit mit dem international tätigen Marktforschungsunternehmen Ipsos bestätigten 64 Prozent der befragten jüngeren Mitarbeiter, dass sie von der Generation 45+ am meisten lernen.
Wenn Sie sich als 45+-Bewerber historisch einordnen wollen, gehören Sie zur Generation der Babyboomer. In den Jahren von 1946 (in Deutschland erst ab 1955) bis 1964 kamen so viele Kinder zur Welt wie in keiner anderen Generation. In Ihre Zeit fallen bahnbrechende und die Generation prägende Ereignisse und Entwicklungen des vergangenen Jahrhunderts wie zum Beispiel die Jahre des Wirtschaftswunders, die Mondlandung und die Studentenbewegung.

Im Team unschlagbar

Ausgeprägte Teamfähigkeit

Als Babyboomer saßen Sie in Ihrer Schulzeit in übervollen Schulklassen. 40 Schüler und mehr in einer Klasse waren in den Ballungsgebieten keine Seltenheit. In den engen Klassenräumen entstand ganz automatisch Teamfähigkeit. Sie haben Kooperation und Zusammenarbeit von Grund auf gelernt und bemühen sich, in Konfliktsituationen mit viel Diplomatie kollegiale Lösungen zu finden – auch über die Generationen hinweg. Gleichzeitig verfügen Sie über Durchsetzungskraft, wenn es darum geht, Ihre Interessen und Ideen umzusetzen.

Stets bereit, zu lernen

Hohe Flexibilität

Permanente Weiterentwicklung und lebenslanges Lernen sind für Babyboomer selbstverständlich. 1966 kürte das US-Magazin Times die gesamte Generation der Babyboomer zur »Person des Jahres«, weil sie den Wandel als Wert an sich begriff. Sie sind Vertreter einer Generation, die geprägt wurde von der Aussage: »Du musst dich permanent weiterbilden. Wer nicht ständig dazulernt, geht rückwärts!«

Mit 50 Jahren haben Arbeitnehmer noch über 15 Jahre Arbeitszeit vor sich.

Nicht einschüchtern lassen

Es ist also definitiv eine von Vorurteilen geprägte mentale Barriere, die Personalverantwortliche derzeit immer noch davon abhält, 45+-Bewerber genauso zu sehen und zu behandeln wie jüngere Jobkandidaten. Und es liegt auch an Ihnen selbst, diese Blockaden zu lösen. Lassen Sie sich weder von Ihrem Umfeld noch von den Medien einreden, Sie seien zu alt, um beruflich noch einmal so richtig durchzustarten. Sie wissen selbst: Ihr Lebensgefühl ist heute mit 45, 50 und mehr Jahren ganz anders als das der Generationen Ihrer Eltern oder Großeltern. Viele Menschen in Ihrem Alter sind aktiv und leistungsfähig und befinden sich nach wie vor auf dem Höhepunkt ihrer Fähigkeiten. Wer nach 1952 geboren ist, hat bei steigendem Renteneintrittsalter mit 50 noch bis zu 17 Jahre Arbeitszeit vor sich.

Die Entwicklung auf dem Arbeitsmarkt kommt Ihnen entgegen.

Und was dazukommt: In den kommenden zehn Jahren gehen 50 Millionen Europäer in den Ruhestand, aber nur 20 Millionen rücken nach. Diese Tatsache werden nach und nach auch Personalverantwortliche berücksichtigen müssen, wenn sie sich mit dem immer dünner werdenden Angebot auf dem Arbeitsmarkt konfrontiert sehen.
»Schon heute liegt das Durchschnittsalter der deutschen Mitarbeiter bei 41 Jahren«, stellte die Managementberatung Accenture bereits 2007 fest. Im Jahr 2030 werden Hochrechnungen zufolge über 40 Prozent der Erwerbsfähigen 50 Jahre oder älter sein, jeder sechste Beschäftigte sogar älter als 60 Jahre. Der demografische Wandel übt einen großen Veränderungsdruck auf die Unternehmen und ihre Personalpolitik aus. In vielen Unternehmen ist dies inzwischen spürbar, sodass die Chancen von 45+-Bewerbern wieder steigen. »Wir verzeichnen deutlich höhere Vermittlungszahlen der Bewerber über 50«, sagt Dr. Tiemo Kracht, Geschäftsführer der Kienbaum Executive Consultants in Hamburg.

Mit positiver Einstellung überzeugen

Seien Sie den Entwicklungen auf dem Arbeitsmarkt einen Schritt voraus und verkaufen Sie selbstbewusst Ihre Stärken und Fähigkeiten als Best Ager. Öffnen Sie den weniger vorausschauenden Personalverantwortlichen die Augen, welche Vorteile damit verbunden sind, wenn sie Sie einstellen. So können Sie dazu beitragen, dass bei der Einstellung von 45+-Mitarbeitern der Mentalitätswechsel in der deutschen Wirtschaft vorankommt.

Finden Sie eine positive Einstellung zu sich selbst.

Eine Grundvoraussetzung für Ihren Erfolg bei der Bewerbung liegt in einer selbstbewussten Einstellung zu sich selbst. Betrachten Sie deshalb zunächst kritisch Ihre eigenen Blockaden in Bezug auf Ihr Alter.

Fragen zur inneren Einstellung

Habe ich mich von der verbreiteten Einstellung in der Gesellschaft und in den Medien, ab 45 Jahre werde man langsam alt, anstecken lassen?
Sehe ich nur wenige Chancen, wieder eine adäquate Arbeitsstelle für mich zu finden?
Glaube ich, dass ich mit den jüngeren Mitarbeitern auf dem Arbeitsmarkt nicht mehr mithalten kann?
Fühle ich mich generell gegenüber Jüngeren minderwertiger, weil ich älter als 45 Jahre bin?
Mache ich oft selbst Witze über mein Alter?
Überlege ich, wie ich mein Alter bei meiner Bewerbung am besten vertuschen könnte?
Habe ich das Gefühl, mich bei der Bewerbung für mein Alter entschuldigen zu müssen?
Habe ich Schwierigkeiten, eine Reihe von Vorzügen aufzuzählen, die mich im Berufsleben gegenüber jüngeren Arbeitnehmern auszeichnen?

Gehen Sie mit Selbstbewusstsein an Ihre Bewerbung.

Wenn Sie eine oder mehrere dieser Fragen mit Ja beantworten mussten, besteht die erste Aufgabe für Sie darin, an Ihrer positiven Einstellung zu sich selbst und zu Ihrem Alter zu arbeiten. »Viele 45+-Bewerber gehen in ein Bewerbungsgespräch und entschuldigen sich erst mal für ihr Alter«, weiß die Kommunikations- und Bewerbungstrainerin Jutta Schober. »Sie sagen: Ich bin zwar schon 45, aber vielleicht kann ich ja trotzdem noch etwas für Sie machen.« Damit sei der negative Ausgang des Jobinterviews im Grunde genommen bereits vorprogrammiert. Man könne das Bewerbungsgespräch mit einem Flirt vergleichen. »Da fängt man auch nicht damit an, seine vermeintlichen Makel aufzuzählen.«

Von anderen Best Agern lernen

Das bedeutet: Nur wenn Sie sich selbst ganz selbstverständlich als leistungs- und weiterhin entwicklungsfähig

betrachten, können Sie dieses Gefühl auch in Ihrem Bewerbungsschreiben und später in den Vorstellungsgesprächen vermitteln und so die Entscheider in den Unternehmen von Ihren Vorzügen überzeugen.
Achten Sie ganz bewusst auf die vielen Best Ager in Ihrer Umgebung, die ihr Berufs-, ihr Arbeits- und ihr Privatleben positiv gestalten. Sie werden feststellen, wie sportlich aktiv viele Vertreter dieser Generation sind. Sie reisen, gehen intensiven und interessanten Freizeitbeschäftigungen nach, bilden sich weiter, sind an neuen Kommunikationstechnologien interessiert und planen bewusst ihre weitere berufliche Zukunft.

Ein positives Selbstbild erarbeiten

Machen Sie sich die Stärken von Best Agern immer wieder von Neuem bewusst.

Ersetzen Sie negative Einstellungen, was Ihr Alter anbelangt, gezielt, indem Sie sich die bereits genannten Vorzüge der Best Ager wiederholt bewusst machen. Nehmen Sie sich ein wenig Zeit und notieren Sie sich alle positiven Beispiele von Menschen über 45 aus Ihrem näheren und weiteren Umfeld, die eine neue Stelle gefunden oder sich erfolgreich beruflich neu orientiert haben. Halten Sie sich diese Liste immer wieder vor Augen, wenn Sie beginnen, wegen Ihres Alters an sich selbst zu zweifeln, oder wenn Ihnen wieder einmal ein »Altersvorurteil« entgegenschlägt. Machen Sie sich klar, dass andere Sie nur dann positiv wahrnehmen, wenn auch Sie selbst eine positive Einstellung zu sich und Ihrem Alter gewinnen. Die viel zitierte Kraft der sich selbst erfüllenden Voraussage ist kein psychologischer Humbug, sondern durch zahlreiche Studien belegt. Das heißt: Der Glaube an die eigene Vorhersage führt meist dazu, dass diese tatsächlich eintritt – im positiven wie im negativen Sinne.

Formulieren Sie Ihren persönlichen Erfolgssatz.

Kreieren Sie also Ihre persönliche positive Selffulfilling Prophecy als Ihre Zielmarke, bevor Sie in die Bewerbungsphase einsteigen. Gehen Sie davon aus, dass Sie Erfolg haben und die für Sie passende Stelle finden werden. Ein gesunder Optimismus hilft enorm dabei, dass sich die Dinge dann auch tatsächlich zu Ihren Gunsten entwickeln können. Denn mit dieser Einstellung strahlen Sie Erfolg aus, und Sie beeinflussen damit Ihr gesamtes Handeln und Auftreten. Am besten, Sie überlegen sich einen Erfolgssatz, den Sie aufschreiben und an einem für Sie gut sichtbaren Ort aufbewahren, sodass Sie täglich einen Blick darauf werfen und sich so immer wieder motivieren können. Formulieren Sie diesen Satz so konkret wie möglich. Also nicht: »Ich möchte gern einen Job bekommen«, sondern zum Beispiel:

- »Ich finde in Kürze eine für mich passende Tätigkeit in der Kundenbetreuung.«
- »Noch in diesem Jahr arbeite ich als Buchhalterin in einem netten Team.«

Suchen Sie möglichst eine Stelle, die zu Ihnen passt.

In Ihrer Bewerbungsphase sollten Sie von Anfang an darauf achten, dass die Stellen, die Sie sich aussuchen, auch dem entsprechen, was Sie können und was Sie wollen. Möglichst viele Bewerbungen zu schreiben und sie unspezifisch an zahlreiche verschiedene Arbeitgeber zu versenden, wird Sie nicht ans Ziel bringen. Besser ist es, wenn Sie sich nur auf Stellen bewerben, die sowohl zu Ihrer Berufserfahrung als auch zu Ihren Neigungen, Kenntnissen und Fähigkeiten passen.

Perspektiven entwickeln

Anpassungsfähigkeit ist ein großer Pluspunkt.

Dabei muss das Anforderungsprofil der neuen Stelle keineswegs identisch sein mit dem Anforderungsprofil der bisherigen. Versteifen Sie sich nicht allein auf Ihre frühere Ausbildung oder Ihre fachliche Qualifizierung. Bleiben Sie flexibel genug, sich auch auf neue Aufgaben einzustellen und sich die nötigen Kenntnisse zu erarbeiten. Diese Fähigkeit ist die Voraussetzung dafür, dass bestimmte Arbeitnehmer kaum auf Zeiten der Arbeitslosigkeit zurückblicken müssen: Sie passen sich besonders gut den Gegebenheiten auf dem Arbeitsmarkt an und eignen sich das nötige Wissen schnell an.

Qualifikationen und Fähigkeiten erkennen

Es kommt nicht nur auf die fachlichen Kompetenzen an.

Bedenken Sie: Ihr fachlicher Hintergrund ist eine Tatsache, die Ihre Eignung für eine bestimmte Stelle belegen kann. Genauso wichtig sind jedoch die vielen Qualifikationen, Kenntnisse und Fähigkeiten, die Sie nach und nach an den verschiedenen Stationen Ihres beruflichen Werdegangs erwerben konnten oder die Sie bei sich entdeckt haben. Wenn Sie sich bewusst machen, was Sie – zusätzlich zu Ihrer fachlichen Qualifikation – alles können, wird es Ihnen leichter fallen, eine geeignete Stelle zu finden.

Überlegungen zu den Kompetenzen

Welche Qualifikationen haben Sie sich während Ihrer Ausbildung, in Praktika, während Ihrer langjährigen Berufstätigkeit und in Weiterbildungen angeeignet, die am Arbeitsmarkt gefragt sein könnten?
Haben Sie an einer Station Ihres Werdegangs an sich selbst Fähigkeiten entdeckt, die Sie gegenüber anderen Mitarbeitern besonders auszeichnen, zum Beispiel Organisationstalent, Verhandlungsgeschick, Kommunikations- oder Führungsstärke?
Welches zusätzliche Wissen konnten Sie sich durch Weiterbildungen aneignen oder welches konnten Sie so ausweiten, dass es Sie möglicherweise für einen fachfremden Einsatz am Arbeitsmarkt qualifiziert?

Machen Sie sich gezielt auf die Suche nach solchen Qualifikationen. Schreiben Sie sich die Tätigkeiten auf, die Sie in Ihrer Ausbildung, während Ihrer bisherigen Berufslaufbahn und in Ihrer Freizeit gern ausgeübt haben beziehungsweise ausüben und gut beherrschen. Dann fällt es Ihnen leichter, mögliche Berufsfelder – auch abseits Ihrer fachlichen Qualifikation – ausfindig zu machen, auf die Sie sich zusätzlich bewerben können.

Umorientierung oder auf Bewährtes setzen?

Ein beruflicher Richtungswechsel mit 45+ kann Chancen eröffnen.

Ein wohlüberlegter Richtungswechsel muss Sie auch mit 45+ keineswegs völlig aus Ihrer beruflichen Laufbahn katapultieren. Vielleicht müssen Sie auf einem anderen Gebiet wieder eine Sprosse tiefer anfangen. Aber zum einen erhöhen Sie durch diese Flexibilität Ihre Chancen, eine neue Stelle zu finden, zum anderen eröffnen sich dadurch vielleicht sogar Karriereaussichten, die Sie in Ihrer früheren Fachrichtung in dieser Form nicht mehr gehabt hätten. Das gilt vor allem dann,

Bewerben Sie sich auf Stellenangebote, die Ihren Neigungen und Stärken entsprechen.

- wenn Sie anschließend auf einem Gebiet tätig werden können, das voll und ganz Ihren Neigungen und Fähigkeiten entspricht,

- wenn Sie ein spezielles Tätigkeitsfeld, eine Nische auswählen, in der Sie möglichst wenig Konkurrenz haben,
- wenn der Wechsel eine Reihe von Anknüpfungspunkten zu Ihrer früheren beruflichen Tätigkeit aufweist,
- wenn Sie zudem darlegen können, warum Sie sich für das neue Aufgabengebiet mindestens genauso gut oder sogar besser eignen als für das bisherige.

Wenn Sie den beabsichtigten Richtungswechsel in Ihrer Bewerbung überzeugend darstellen, erhöhen Sie damit Ihre Chancen auf eine Anstellung.

Realistische Einschätzung vonnöten

Fragen Sie sich allerdings bei jedem Stellenangebot, das sich für Sie reizvoll liest, welche Aufgaben Sie sich ohne Weiteres zutrauen und welche nicht. Gerade in der zweiten Hälfte des Berufslebens ist es wichtig, dass Sie Ihre eigenen Fähigkeiten, aber auch Ihre Grenzen richtig einschätzen, damit Ihre Jobwahl auf sicheren Beinen steht.

Kernfrage: Trauen Sie sich die neuen Aufgaben zu?

- Glauben Sie, die Aufgaben, die in der Stellenanzeige beschrieben sind, bewältigen zu können?
- Sind Sie in der Lage, sich die eventuell fehlenden Qualifikationen anzueignen?

Wenn Sie diese Fragen aus voller Überzeugung bejahen können, spricht nichts gegen eine Bewerbung.

Riskieren Sie nicht zu viel.

Anders sieht es aus, wenn Ihnen entscheidende Qualifikationen fehlen und Sie sich nicht oder nicht mehr zutrauen, diese zu erlangen. Seien Sie dann lieber ehrlich zu sich selbst und bewerben Sie sich nicht auf die ausgeschriebene Stelle. Mit großer Wahrscheinlichkeit würden Sie ohnehin keinen Erfolg haben und aufgrund der fehlenden Qualifikation nicht einmal in die nähere Auswahl gelangen. Also ersparen Sie sich eine absehbare frustrierende Absage.

Noch ungünstiger wäre das folgende Szenario: Sie bekommen die Stelle, müssen aber nach kurzer Zeit feststellen, dass Sie den Anforderungen nicht gewachsen sind. Das Resultat wäre, dass Sie wieder in die Arbeitslosigkeit gehen oder nach kurzer Zeit eine neue Stelle suchen müssten. Eine solche Erfahrung tut – im Hinblick auf Ihre weiteren Bewerbungen – weder Ihrem Selbstwertgefühl noch Ihrem Lebenslauf gut.

Den Ausschlag sollten Ihre Fähigkeiten geben

Geld nicht allein in den Vordergrund stellen

Auch wenn Sie an einem Stellenangebot nur das höhere Gehalt reizt oder die besonders guten Aussichten auf einen Arbeitsplatz, nicht aber die Aufgabe selbst, ist es besser, sich nicht darauf zu bewerben. Wenn Sie von vornherein das Gefühl haben, dass Ihnen die Position nicht liegt, ist eine Absage sehr wahrscheinlich. Und falls Sie tatsächlich eine Zusage erhielten, würden Sie den Job vielleicht nicht lange machen, entweder weil Sie dabei unglücklich sind oder weil Sie aufgrund Ihrer mangelnden Motivation nicht die Leistung zeigen, die Sie erbringen könnten.

Die Möglichkeit, nach unten auszuweichen

Machen wir uns nichts vor: Wer bereits länger arbeitslos ist, muss sich auch mit dem Gedanken befassen, zunächst einmal eine weniger qualifizierte Stelle anzunehmen. Das ist auf jeden Fall besser, als weiterhin arbeitslos zu bleiben und noch länger auf Leistungen von Staat und Sozialversicherungen angewiesen zu sein.

Außerdem muss das ja nicht bedeuten, dass Sie für den Rest Ihres Berufslebens auf diesem Niveau stehen bleiben. Und es muss auch nicht heißen, dass Ihnen eine Arbeit unterhalb Ihrer Qualifikation für eine gewisse Zeit nicht sogar Spaß machen kann. Oft ist der Schritt zurück eine große Chance, das eigene Können zu beweisen und sehr bald wieder auf einer früheren Qualifikationsebene tätig zu sein.

Lieber unter- als überfordert

Nehmen Sie es also ruhig in Kauf, für einige Zeit unterfordert zu sein. Das ist ganz sicher besser, als einen Arbeitsplatz anzunehmen, an dem Sie überfordert sind. Im ersten Fall haben Sie alle Möglichkeiten, sich weiterzuentwickeln. Im zweiten Fall stoßen Sie schmerzhaft an Ihre Grenzen.

Arbeiten unterhalb der eigenen Qualifikation
Ein Sachbearbeiter für Beschwerdemanagement arbeitet in einer Telefonagentur und betreut die Beschwerdehotline eines Elektronikversenders.
Eine ehemalige Bankangestellte arbeitet als Online-Kundenberaterin bei einem Finanzdienstleister.
Ein Diplom-Ingenieur arbeitet als Verkaufsberater in einem Maschinenbauunternehmen.
Eine Buchhalterin arbeitet als Kassiererin bei einem Herrenausstatter.
Eine Sekretärin arbeitet als Schreibkraft in einem mittelständischen Industrieunternehmen.

Der Schritt zurück: sinnvoll, wenn Sie die Option zur Weiterentwicklung haben.

Wenn Sie allerdings bereit sind, übergangsweise eine geringer qualifizierte Tätigkeit auszuüben, sollte im Gespräch mit dem Arbeitgeber deutlich werden, dass Sie für diese Tätigkeit überqualifiziert sind und dass Sie es anstreben, nach einiger Zeit eine qualifiziertere Tätigkeit zu übernehmen. Voraussetzung dafür ist natürlich, dass diese Möglichkeit in dem betreffenden Unternehmen überhaupt gegeben ist.
Es kommt häufig vor, dass sich der oder die Betreffende dank einer raschen Auffassungsgabe und einer großen Leistungsbereitschaft allmählich hocharbeitet, um doch noch eine anspruchsvolle und für ihn oder sie befriedigende Position zu erreichen.

Allmählicher Aufstieg
Eine Buchhalterin, die als Kassiererin bei einem Herrenausstatter angefangen hat, ist bald für alle Kassen in dem großen Modegeschäft verantwortlich. Ihr obliegt zunächst die Erstellung der Tagesabschlüsse. Als ein neues Warenwirtschaftssystem mit einer neuen Kassensoftware eingeführt wird, arbeitet sie sich durch eine Schulung schnell in das System ein und ist nun für die Einarbeitung der anderen Mitarbeiter in die Software verantwortlich. So hat sie ihre Position wieder deutlich verbessert.
Ähnlich ergeht es der Bankangestellten, die als Onlineberaterin bei einem Finanzdienstleister eingestiegen ist. Schnell wird klar: Sie berät hervorragend und macht daher mehr Abschlüsse als die anderen. Sie hat Organisationstalent und kommt gut mit Kunden, Kollegen und Aushilfen klar.

Ihren Vorschlägen leisten die anderen gern Folge. So wird sie zur Leiterin der Abteilung für Online- und Telefonberatung und hat schließlich die Führungsverantwortung für zehn Mitarbeiter.

Meist keine akzeptable Dauerlösung

Vorsichtig sollten Sie allerdings damit sein, dauerhaft eine Arbeit unterhalb Ihrer Qualifikation anzunehmen, weil Ihnen der betreffende Arbeitgeber keine Option zu einem möglichen Aufstieg bietet. Das mag manchmal verlockend sein, weil dieser Weg die naheliegende Lösung ist und am schnellsten wieder Geld in die Haushaltskasse bringt. Aus purer Angst vor längerer Arbeitslosigkeit sollten Sie dennoch nicht die erstbeste Stelle annehmen, die sich Ihnen bietet.

Der erstbeste Arbeitsplatz
Die langjährige Assistentin des Vorstandsvorsitzenden eines großen Konzerns Yvonne S., 52 Jahre, verliert ihren Arbeitsplatz, weil ihr Chef das Unternehmen verlässt. Noch bevor ihr Arbeitsvertrag im Konzern endgültig ausgelaufen ist, wird ihr von den drei Partnern eines kleinen Start-up-Unternehmens, das noch keine weiteren Mitarbeiter hat, eine Anstellung als Sekretärin angeboten.
Yvonne S. weiß: Die Zeiten als Vorstandsassistentin mit ihren vielfältigen Aufgaben und Kompetenzen wären damit vorbei. Ihre hervorragenden Sprachkenntnisse in Englisch und Französisch würden brachliegen. Und sie kann noch nicht einmal sicher sein, ob das neue Unternehmen das Gründungsjahr überleben wird.
Trotzdem überlegt sich Yvonne S., das Angebot anzunehmen. Sie ist sich bewusst, dass es momentan sehr schwierig ist, als Topassistentin eine adäquate Stelle zu finden, vor allem da sie bereits über 50 Jahre alt ist. Wer weiß, wie mühevoll sich die Stellensuche gestalten würde. Womöglich würde sie sogar überhaupt keine Stelle mehr finden und in die Langzeitarbeitslosigkeit rutschen. Davor hat sie am meisten Angst.

Treffen Sie keine vorschnellen Entscheidungen.

Bei allzu nahe liegenden Lösungen ist Vorsicht geboten. Bevor Sie ein solches Angebot annehmen, sollten Sie Ihre Beweggründe genauer hinterfragen. Denn langfristig werden Sie wahrscheinlich nicht glücklich mit einer Stelle, bei der Sie unterfordert sind, nichts zu sagen haben und keine oder nur wenig Gestaltungsmöglichkeiten haben. Vor allem, wenn Sie in Ihrem bisherigen Berufsleben eigenständiges Arbeiten gewohnt waren, wird es Ihnen hier schwerfallen, große Abstriche zu machen. Überlegen Sie sich also gut, ob eine solche Arbeitsstelle wirklich dauerhaft für Sie infrage kommt, und vertrauen Sie darauf, dass Sie auf jeden Fall eine für Sie geeignete Stelle finden werden.

Bewerben unterhalb der Qualifikation – ein Ausweg?

Die Bewerbung auf eine weniger qualifizierte Stelle kann beispielsweise dann eine längerfristig akzeptable Lösung sein,

- wenn Sie mit Ihrer bisherigen beruflichen Tätigkeit überfordert waren, sich von den Anstrengungen erholen und neu orientieren möchten,
- wenn für Sie nicht die Arbeit und das Geldverdienen oberste Priorität haben, sondern beispielsweise Ihre Familie oder Ihre Freizeitbeschäftigungen,
- wenn Sie in Ihrer Region keine Anstellung finden, die Ihrer Qualifikation und Ihren Neigungen entspricht, und Sie nicht bereit sind, für eine passende Stelle an einen anderen Ort umzuziehen,
- wenn Sie nach längerer Arbeitslosigkeit froh über jeden beruflichen Wiedereinstieg sind,
- wenn Sie nur noch kurze Zeit bis zur Rente überbrücken müssen,
- wenn Sie bei dem Arbeitgeber die Möglichkeit haben, in der Hierarchie aufzusteigen und später doch noch eine Stellung zu erreichen, die dem gewünschten Niveau entspricht.

Fachliche Qualifikationen

Welche Ihrer Fachkenntnisse sind für die angebotene Stelle relevant?

Ob eine Ihrer Bewerbungen erfolgreich sein wird, hängt nicht zuletzt davon ab, wie gut Sie sich selbst kennen. Im Vordergrund stehen dabei Fragen nach Ihren Fähigkeiten im Hinblick auf den aktuellen Arbeitsmarkt, nach Ihren Grenzen, Ihren Ansprüchen, aber auch nach Ihrer Bereitschaft zu Zugeständnissen für einen neuen Arbeitsplatz. Um sich erfolgreich zu bewerben, sollten Sie sich darüber Gedanken machen,

- was Sie können und ob diese Qualifikationen den aktuellen Anforderungen des Arbeitsmarkts genügen,
- was Sie wollen,
- was für Sie auf keinen Fall infrage kommt und
- in welchem Umfeld Sie arbeiten möchten.

Das A und O: eine treffende Selbsteinschätzung

Eine gute Selbsteinschätzung ist die Voraussetzung dafür, dass Sie eine geeignete Stelle finden, deren Anforderungsprofil Sie möglichst genau erfüllen. Außerdem vermeiden Sie Sackgassen, die Sie sich in Ihrem Berufsleben nicht mehr leisten wollen. Denn mit 45+ bauen Sie auf Ihre Erfahrung und nicht mehr auf die Versuch-und-Irrtum-Methode. Die nächste Arbeitsstelle sollte also sehr gut zu Ihnen passen. Idealerweise machen Sie die Arbeit mit Spaß, fühlen sich wohl und haben eventuell sogar noch Aufstiegschancen. Das erhöht Ihr Leistungsvermögen und bewahrt Ihnen vor allem die Gesundheit. Loten Sie also bereits vor dem Schreiben Ihrer Bewerbungen aus, was für Sie infrage kommt und was nicht.

Was können Sie? Können – fachliche Qualifikationen und Soft Skills

Zunächst einmal geht es um Ihr Können. Sie müssen sich darüber im Klaren sein, was Sie aus Sicht eines potenziellen Arbeitgebers interessant macht. Dabei bezieht sich das Wort »Können« keinesfalls nur auf Ihre fachlichen, also die »harten« Qualifikationen. Auch die sogenannten Soft Skills zählen dazu, das heißt außerfachliche Qualifikationen wie beispielsweise Teamfähigkeit, Umgang mit Kunden oder Verhandlungsgeschick. Zudem sollten Sie eine realistische Einschätzung darüber abgeben können, wie viel Berufserfahrung Sie für die Position mitbringen, die Sie anstreben.

Fachkenntnisse

Fachkenntnisse haben einen hohen Stellenwert für Ihre Bewerbung. Was haben Sie in Ihrer Ausbildung gelernt, womit haben Sie sich in Weiterbildungen, Berufsakademien und während Ihrer gesamten beruflichen Tätigkeit beschäftigt? Schreiben Sie sich akribisch alle Qualifikationen auf, die Sie im Laufe Ihrer Ausbildung, in Weiterbildungen und durch Berufserfahrungen erworben haben. Ganz wichtig ist, dass Sie prüfen, ob Ihre fachlichen Qualifikationen den aktuellen Anforderungen des Arbeitsmarktes genügen. Denn für Personalverantwortliche ist ein entscheidendes Kriterium bei der Bewerberauswahl, dass ein Kandidat die anstehenden Aufgaben so qualifiziert und so nahtlos wie möglich übernehmen kann. Kein Unternehmen stellt Mitarbeiter ein, die es erst einmal kostenintensiv schulen muss, damit sie die Anforderungen der Stelle bewältigen können. In den meisten Berufsfeldern gibt es genügend andere Bewerber auf dem Markt, die alle Voraussetzungen mitbringen. Das heißt: Ihr Ausbildungsabschluss vor 25 oder 30 Jahren zeigt zwar, dass Sie Ihre Berufsausbildung konsequent zum Abschluss gebracht haben, hat aber für die heutige Praxis in den meisten Berufen keine große Bedeutung mehr. Entscheidend für Ihren aktuellen Marktwert als Arbeitnehmer sind Ihre über die Jahre erworbene Berufserfahrung, Ihre damit verbundene permanente Weiterqualifizierung und Ihre zusätzlichen Schulungen und Weiterbildungen, die Sie bis jetzt absolviert haben.

Die jüngsten Qualifikationen und Berufserfahrungen sind am wichtigsten.

Gehen Sie die folgende Auflistung von verschiedenen Kenntnissen und Fähigkeiten durch. Welche können Sie auf Ihrem persönlichen Qualifikationskonto verbuchen? Wenn nicht bereits Ihr Berufsweg eindeutig Aufschluss über eine bestimmte Qualifikation gibt, sollten Sie

Lassen Sie keine Qualifizierung unberücksichtigt.

- sich die jeweilige Qualifikation notieren,

- bei der Suche nach einem geeigneten Arbeitsplatz speziell auf solche Qualifikationen im Anforderungsprofil eines Stellenangebots achten und
- sie in einer späteren Bewerbung explizit im Anschreiben und Lebenslauf erwähnen.

Fremdsprachen

Oft erforderlich: Sprachkenntnisse

Sprechen Sie eine oder mehrere Fremdsprachen? Denken Sie nicht nur an die typischen Schulfächer Englisch, Französisch und Spanisch. Vielleicht kommen Sie ja aus einer Migrantenfamilie und beherrschen von Kindheit an noch eine zusätzliche Sprache wie Türkisch, Russisch, Polnisch oder Arabisch? Konnten Sie möglicherweise bei einem längeren Auslandsaufenthalt eine weitere Sprache lernen oder Ihre vorhandenen Sprachkenntnisse vertiefen?

Die Bewertungsskala für Sprachkenntnisse

Bei der Einschätzung Ihrer Sprachkenntnisse können Sie das Schulnotensystem benutzen – von »sehr gut« bis »ausreichend«. In Bewerbungen ist aber auch die folgende Bewertungsskala durchaus üblich:

- Muttersprache
- Verhandlungssicher
- Fließend
- Gute Kenntnisse
- Ausgebaute Grundkenntnisse
- Grundkenntnisse

Zahlenverständnis und mathematische Fähigkeiten

Sind Sie ein Zahlenmensch?

In Wirtschaftsunternehmen werden viele Prozesse in Zahlen oder mathematischen Modellen abgebildet. Wenn Sie also über ein gutes Zahlenverständnis verfügen und in Ihrer Ausbildung, in Weiterbildungen und in Ihrer beruflichen Laufbahn bewiesen haben, dass Sie mehr beherrschen als nur die Grundrechenarten, gibt es verschiedenste Einsatzmöglichkeiten für Sie.

Rechnungswesen und Controlling
Die Bilanzbuchhalterin Julia B. hat sich auf das betriebliche Rechnungswesen spezialisiert und arbeitet in einer Abteilung, die die Konzernrechnungslegung verantwortet.
Der Bürokaufmann Daniel R. kann Zahlen gut erfassen, einschätzen, bewerten und analysieren. Er arbeitet in der Controlling-Abteilung eines Unternehmens im Bereich Prozessoptimierung als Sachbearbeiter. Er bereitet betriebliche Kennzahlen zur Analyse auf. Anhand dieser Zahlen wird analysiert, welche Änderungen im Produktionsprozess des Unternehmens Einsparungen bringen würden.

Räumliches Vorstellungsvermögen

Wie gut können Sie sich räumlich orientieren?

Häufig spielt auch das räumliche Vorstellungsvermögen eine Rolle bei der Frage, ob Sie sich besonders gut für eine bestimmte Stelle eignen oder nicht.

Trockenbau und Holztechnik
Der Trockenbaumonteur Thomas L. arbeitet für ein Unternehmen, das Montagearbeiten im Trockenbau durchführt und zum Beispiel verschiedene Unterkonstruktionen, Türen und Verglasungsflächen einbaut. Neben einer guten Feinmotorik und handwerklichem Geschick benötigt er für diese Arbeit auch ein ausgeprägtes Raumgefühl.
Die Tischlerin Sabine A. arbeitet in einer familiengeführten großen Tischlerei, die auf individuellen Kundenwunsch und nach Maß unter anderem Möbel, Regale, Wand-, Deckenverkleidungen und Türen anfertigt. Neben handwerklichem Geschick und einer guten Portion Kreativität braucht sie vor allem auch ein gutes räumliches Vorstellungsvermögen.

Computer- und IT-Kenntnisse

Besitzen Sie spezielle Kenntnisse bei Hard- und Software?

Ohne moderne Informations- und Kommunikationstechnik geht heute fast nichts mehr. Im Laufe Ihres Berufslebens werden Sie in aller Regel mit Computern in Berührung gekommen sein.

Die Kompetenzen können von der Nutzung des Rechners als bessere Schreib- und Rechenmaschine bis zur Fähigkeit reichen, Rechnersysteme zu konfigurieren oder Software zu programmieren. Über welche Qualifikationen verfügen Sie in diesem Bereich?

Ein sicherer Umgang mit Standardsoftware wird von den meisten Arbeitgebern vorausgesetzt.

- Wie sicher gehen Sie mit Standardsoftware um? Bei fast allen Arbeitgebern gehören – je nach Einsatzgebiet – Kenntnisse des Office-Pakets mit Microsoft Word, Excel, Access, Outlook oder PowerPoint zum Standard. In Kreativ- und Medienunternehmen wird zudem oft Erfahrung mit Apple-Rechnern und der entsprechenden Software verlangt.
- Sind Sie ein Anwender, der sich mit spezieller Software gut auskennt? Bei größeren Unternehmen gefragt sind beispielsweise Kenntnisse in Unternehmenssoftware wie SAP ERP oder Oracle ERP. Vielleicht besitzen Sie Kenntnisse in gängiger CAD-Software, also Programmen zur rechnergestützten Konstruktion (computer-aided design)? Auch die Erfahrungen mit Programmen aus dem Bereich des Desktop-Publishings (Bildbearbeitungs-, Grafik-, Satz- und Layoutprogramme) sind vielerorts nützlich.
- Sind Sie ein Hardwarespezialist, der sich mit den verschiedenen Bauteilen für Rechner und Netzwerke auskennt?
- Haben Sie Programmierkenntnisse? Beherrschen Sie eine oder mehrere der gängigen Programmiersprachen? Können Sie Anwendungssoftware selbst schreiben?
- Vielleicht haben Sie sich auch auf Webdesign spezialisiert und wissen beispielsweise alles über HTML, CSS, Flash, Java und JavaScript?

Schriftliches Ausdrucksvermögen

Schriftliches Ausdrucksvermögen wird in bestimmten Berufen erwartet.

In allen Tätigkeiten, die Kundengespräche oder Schriftverkehr erfordern, sollten Sie sich mündlich und schriftlich korrekt und flüssig ausdrücken können. Nicht selten ist sogar ein souveräner Umgang mit der englischen Sprache notwendig. Professionalität im Schriftverkehr ist selbst in handwerklichen Berufen oft erwünscht.

Assistenz
Sandra W. ist Bürokauffrau und war im Laufe ihres Berufslebens zuerst als Sekretärin und später als Assistentin für verschiedene Führungskräfte tätig. Eine ihrer Hauptaufgaben besteht darin, mit Kunden und Geschäftspartnern des Unternehmens per E-Mail, Fax oder Brief zu korrespondieren. Von einer Assistentin erwartet der neue Arbeitgeber neben der geschäftsüblichen Korrespondenz sogar, dass sie Pressemitteilungen und Mitarbeiter-Rundschreiben verfasst. Deshalb legt er größten Wert auf eine korrekte, flüssige Sprache und achtet schon bei der Bewerbung auf ein gutes Ausdrucksvermögen.

Kreativität

Kreativität und Einfallsreichtum

Sind Sie ein kreativer Mensch? Haben Sie Sinn für Ästhetik und Gestaltung? Der Begriff »Kreativität« ist nicht auf optische Gestaltung beschränkt. Auch wer zum Beispiel außergewöhnliche Werbetexte schreibt, ist kreativ tätig.

Modeschneiderin und Zahntechniker
Die Modeschneiderin Sandra K. hat ein gutes Auge für Formen und Farben und ein hervorragendes Gespür für Trends. Nach ihrer Ausbildung arbeitete sie in der Produktion eines großen Herstellers für Damenoberbekleidung. Zuletzt war sie als Leiterin eines exklusiven Maßateliers tätig. Sie ist verantwortlich für die Entwürfe von Maßbekleidung nach individuellem Kundenwunsch.
Der Zahntechniker Christian G. ist ebenfalls in einem kreativen Beruf tätig. Er stellt für ein Dentallabor festsitzenden (Kronen, Brücken, Teleskope, Geschiebe) und herausnehmbaren Zahnersatz (partielle, totale Kunststoffprothesen und Modellgussprothesen) her. Der Arbeitgeber erwartet ästhetische und funktionsfähige Ergebnisse, die individuell auf den jeweiligen Kunden abgestimmt sind.

Handwerkliches Geschick

Zahlreiche Berufe erfordern handwerkliche Fähigkeiten.

Neben den klassischen Handwerksberufen gibt es viele Tätigkeitsfelder, in denen handwerkliches Geschick und andere spezifische Fähigkeiten eine wesentliche Rolle spielen.

Bühnenmaler, Berufskraftfahrer und Hauswirtschafterin

Peter R. ist Bühnenmaler und -plastiker. Er entwickelt Gestaltungskonzeptionen und fertigt Modelle sowie technische Zeichnungen an. Zudem muss er Oberflächen und Untergründe bearbeiten und Requisiten anfertigen können.

Arthur G. ist Berufskraftfahrer. Er transportiert Güter und ist auch zuständig für die Pflege und Wartung seiner Nutzfahrzeuge.

Gabriele S. ist Hauswirtschafterin. Im Rahmen ihrer Aufgaben bei der Versorgung und Betreuung von Menschen geht sie mit verschiedenen hauswirtschaftlichen Geräten um. Außer deren Reinigung und Pflege übernimmt sie auch kleinere Reparaturen selbst.

Fachliche Spezialisierungen

Viele Spezialisierungen ergeben sich aus der Berufserfahrung.

Haben Sie sich im Laufe Ihres Berufslebens auf eine bestimmte Fachrichtung spezialisiert? Bringen Sie Kenntnisse mit, die Ihre Ausbildung zunächst nicht vermuten lässt und die Sie auch in der bisherigen Auflistung möglicher Qualifikationen nicht gefunden haben? Vielleicht können Sie gerade damit eine Nische besetzen und sich als Mitarbeiterin oder Mitarbeiter für einen möglichen Arbeitgeber besonders wertvoll machen.

Sekretärin mit Erfahrung in Seminarorganisation

Julia B. hat in der Vergangenheit in verschiedenen Unternehmen als Sekretärin gearbeitet. Bei ihrem letzten Arbeitgeber war sie zunehmend auch für die Organisation der internen Fortbildungsveranstaltungen zuständig. Hier konnte sie wertvolle Erfahrungen sammeln. Auf der Suche nach einer neuen Herausforderung stieß sie schließlich auf die Stellenanzeige eines Bildungsinstituts. Wegen ihrer langjährigen Erfahrungen in der Veranstaltungsorganisation und ihrer guten Kontakte zu Referenten und Trainern hatte sie gegenüber ihren Mitbewerber die Nase vorn und bekam die Stelle als Projektmanagerin für alle Weiterbildungen im kaufmännischen Bereich.

Je länger Sie schon in einem bestimmten Bereich berufstätig sind, desto leichter wird es Ihnen fallen, Gebiete zu benennen, auf denen Sie sich tatsächlich zum Spezialisten oder zur Spezialistin gemausert haben. Gerade dort ist dann eine Bewerbung besonders aussichtsreich.

Bleiben Sie offen und ziehen Sie alle Möglichkeiten in Betracht.

Manchmal fällt es nicht leicht, sich von der aktuellen Situation zu lösen und besondere Neigungen, Fähigkeiten oder Talente bei sich selbst zu sehen. Besonders wenn Sie das Gefühl haben, dass die Zeit drängt, weil Sie Ihre Arbeitsstelle verloren haben und schnell wieder etwas finden wollen, fehlt Ihnen vielleicht die innere Ruhe, um sich ausführlich darüber Gedanken zu machen, welche Aufgaben Ihnen am besten liegen könnten. Da fällt es oft schwer, gelassen zu bleiben und gedanklich auch ganz neue Wege zu sehen. Denn Ihr wichtigstes Ziel besteht darin, so schnell wie möglich wieder eine adäquate Stelle zu finden.

Wenn Sie aber in solchen Drucksituationen wichtige Aspekte übersehen oder sich einseitig von Ihrem Sicherheitsbedürfnis leiten lassen, verpassen Sie womöglich die eine oder andere Chance, weil Sie sie gar nicht in Erwägung gezogen haben.

Andere nach den eigenen Fähigkeiten fragen

Fragen Sie auch Freunde, Bekannte und sonstige Personen aus Ihrem Umfeld, welche Fähigkeiten Sie aus deren Sicht besitzen und welche Tätigkeiten sich für Sie eignen könnten. Wenn Sie Ihre weitere berufliche Planung mit professioneller Hilfe angehen wollen, kann ein Coaching mit einem erfahrenen Karrieretrainer hilfreich für Sie sein.

Soft Skills: Sozialkompetenz und persönliche Eigenschaften

Nicht nur fachliche Qualifikationen, sondern auch Soft Skills bestimmen über den beruflichen Einsatz.

Wenn im Personalwesen von Soft Skills die Rede ist, dann ist in erster Linie die soziale Kompetenz eines Mitarbeiters oder einer Führungskraft gemeint. Daneben spielen aber auch weitere persönliche Eigenschaften wie Ordnungssinn, Gewissenhaftigkeit oder Organisationstalent eine Rolle, also Eigenschaften, die die Art und Weise charakterisieren, wie jemand seine Arbeit organisiert und ausführt. Der Sammelbegriff Soft Skills umfasst demnach ganz unterschiedliche Fähigkeiten und Eigenschaften, die sich zum Teil sogar komplementär gegenüberstehen. Auch hier sollten Sie sich ein genaueres Bild davon machen, welche Sie besitzen und welche nicht.

Auch Freizeitbeschäftigungen geben Aufschluss über Soft Skills.

Suchen Sie nicht nur in Ihrem Berufsleben nach Soft Skills – oft geben die Hobbys zusätzlich Aufschluss darüber. Wenn Sie etwa Trainer in einem Sportverein sind, deutet dies auf Führungsstärke hin. Üben Sie eine Mannschaftssportart aus, zeugt dies von Teamgeist. Ein Einsatz im karitativen oder kirchlichen Bereich belegt Ihre Hilfsbereitschaft und Ihren Teamgeist.

Seien Sie ehrlich sich selbst und anderen gegenüber.

Gestehen Sie sich aber ruhig ein, wenn Sie über bestimmte Soft Skills nicht verfügen oder nicht genau wissen, ob Sie sie haben. Täuschen Sie in Ihren Bewerbungen nicht mehr oder anderes vor, als Sie tatsächlich bieten können. Wer in seiner Bewerbung belegt, warum er sich eine Führungsrolle zutraut, obwohl er noch nie eine innehatte, wird von seinem potenziellen Arbeitgeber eher eine Chance bekommen als jemand, der Führungsfähigkeit als seine Stärke angibt und dafür kein einziges Beispiel aus seiner beruflichen Laufbahn oder aus seinen Freizeitbeschäftigungen anführen kann.

Im Folgenden werden einige der am häufigsten genannten Soft Skills vorgestellt, die sich teilweise überschneiden.

Bei den meisten Arbeitsstellen ist Kommunikationsstärke gefragt.

Kommunikationsstärke

Nicht was man sagt, ist entscheidend, sondern wie man es sagt. Deshalb ist Kommunikationsstärke in vielen Berufen eine sehr wichtige Fähigkeit. Unerlässlich ist sie immer dann, wenn Sie

- im Team arbeiten,
- bei Ihrer Arbeit viel mit Kollegen, Mitarbeitern, Führungskräften, Kunden oder Geschäftspartnern in Kontakt kommen oder
- eine Führungsrolle innehaben.

Eingehen auf andere Menschen

Kommunikationsstärke bedeutet nicht vorrangig, selbst viel und gut zu reden. Kommunikationsstärke heißt vor allem, gut zuzuhören, sein Gegenüber ernst zu nehmen und zu verstehen. Wer sein Gegenüber mit gezielten Fragen zum Reden bringt, seinen Standpunkt und seine Argumente versteht, auch die eigene Sichtweise verständlich machen und bei gegensätzlichen Ansichten vermitteln oder einen Kompromiss herbeiführen kann, kann diese Fähigkeiten in vielen Berufen einsetzen.

Kundenbetreuerin
Die Bürokauffrau Barbara L. wird als Kundenbetreuerin in der Leistungsabteilung einer privaten Krankenversicherungsgesellschaft eingestellt. Kunden können sich mit all ihren Wünschen, Beschwerden, Anregungen und Fragen an sie wenden. Ihre Aufgabe ist es, den Kunden persönlich, telefonisch und schriftlich alle Fragen zur Erstattung von Krankenkosten kompetent und kundenfreundlich zu beantworten. Eine hervorragende Kommunikationsfähigkeit ist Voraussetzung für diese Aufgabe.

Verhandeln erfordert Selbstbewusstsein und taktisches Geschick.

Verhandlungsgeschick

Verhandlungsgeschick ist eng verwandt mit der Kommunikationsstärke. Trotzdem gibt es viele Menschen, die zwar durchaus kommunikationsstark sind, denen aber das Verhandeln trotzdem nicht leichtfällt. Sie haben es nicht gelernt, selbstbewusst Forderungen zu formulieren und durchzusetzen.

Zum Verhandeln gehört vor allem eine gesunde Einschätzung, welche Forderungen man stellen kann und welche

nicht. Ein Verhandlungsführer muss nicht nur die eigene Verhandlungsposition richtig einschätzen können. Er braucht auch ein feines Gespür für die Reaktionen seines Gegenübers. Übertriebene Rücksicht, Vorsicht oder gar Scham sind beim Verhandeln ebenso hinderlich wie ein allzu forsches oder gar unverschämtes Auftreten.
So scheitern viele Menschen bei dem Versuch, ihre Forderungen durchzusetzen oder einen für beide Seiten akzeptablen Kompromiss zu erzielen.
Umso wertvoller ist ein Mitarbeiter mit Verhandlungsgeschick für einen Arbeitgeber. Dieser ist schließlich darauf angewiesen, dass der oder die Betreffende in jeder Situation das Bestmögliche für ihn aushandelt.

Einkäufer und Mitarbeiterin Reklamationsabteilung
Tilo K. ist Einzelhandelskaufmann und arbeitet als Einkäufer bei einem Verpackungshersteller. Seinem Verhandlungsgeschick ist es zu verdanken, dass ein neuer Lieferant seinem Arbeitgeber besonders gute Preise und Lieferkonditionen für die benötigten Kartonagen einräumt.
Petra F. ist Mitarbeiterin in der Reklamationsabteilung eines Großhändlers für Unterhaltungselektronik. Zu ihrem Aufgabengebiet gehören die Erfassung, Bearbeitung und Prüfung von Reklamationen sowie die Entgegennahme von telefonischen Reklamationen der Einzelhandelskunden. Sie prüft, ob die jeweilige Reklamation berechtigt ist. Sie muss in der Lage sein, gemeinsam mit den reklamierenden Kunden einen Kompromiss auszuhandeln, der für beide Seiten tragbar ist. Schließlich möchte ihr Arbeitgeber den Kunden nicht verlieren, auf der anderen Seite aber auch den wirtschaftlichen Schaden in Grenzen halten.

Verkaufstalent

Nicht jedermanns Sache: Verkaufen

Das Verkaufstalent ist eng mit dem Verhandlungsgeschick und der Kommunikationsstärke verwandt. Auch zum Verkaufen müssen viele eine gewisse Scheu überwinden, damit sie mit einem potenziellen Kunden ins Gespräch kommen, ihn für die angebotenen Produkte oder Dienstleistungen interessieren und ihn überzeugen, dass der geforderte Preis keineswegs zu hoch ist.

Generell gilt: Das Verkaufen muss einem liegen. Fragen Sie sich also, ob Sie genügend Selbstbewusstsein mitbringen und Freude daran haben, Produkte oder Dienstleistungen an die Leute zu bringen. Denn das Verkaufen fällt nicht jedem leicht.

Textilfachverkäuferin und Versicherungsverkäufer im Autohaus

Die Textilfachverkäuferin Helga K. ist in einem Modefachgeschäft für Damen und Herren tätig. Ihre Aufgabe besteht darin, aus dem Angebot passende Ensembles und Kombinationen geschmackssicher und individuell für Kunden auszuwählen. Ihre Verkaufsaufgabe ist es, die Kunden stilsicher zu beraten und Zusatzgeschäfte durch das Angebot passender Accessoires, also Ketten, Tücher oder Taschen, zu generieren. Das Verkaufen wird für Helga K. dadurch erleichtert, dass ihre Kunden bereits mit einer Kaufabsicht zu ihr in die Verkaufsräume kommen. Ihre gute Beratung und Überzeugungskraft entscheidet dann darüber, ob und wie viel Geld die Kundin oder der Kunde für das neue Outfit ausgeben wird.

Bernd T. ist Versicherungsverkäufer in einem Autohaus. Er hat die Aufgabe, Kunden, die ein Auto gekauft haben, von den Vorteilen der Kfz-Versicherung zu überzeugen, die er vertritt, obwohl die meisten Kunden bereits einen Vertrag mit einer anderen Kfz-Versicherung haben. Dazu muss er auf Kunden zugehen, die gerade ein Auto gekauft haben, sie in ein Verkaufsgespräch verwickeln und für ein Produkt gewinnen, das sie zu diesem Zeitpunkt überhaupt nicht kaufen wollten. Die Verkaufsaufgabe von Bernd T. erfordert daher ein besonderes verkäuferisches Geschick.

Teamfähigkeit

Teamfähigkeit ist mehr als bloße Geselligkeit.

Arbeiten Sie gern allein oder lieber mit anderen zusammen? Es gibt viele Menschen, die es bevorzugen, allein zu arbeiten. Aber selbst diejenigen, die vorzugsweise mit anderen gemeinsam arbeiten, müssen nicht zwangsläufig auch teamfähig sein. Die Frage ist, wie effizient sie zur Bewältigung einer Aufgabe mit anderen kooperieren.

Teamfähig ist,

- wer sich durch die anderen Teammitglieder nicht ständig von der eigentlichen Aufgabe ablenken lässt,
- wer nicht alle Pflichten an sich reißt, sondern sie unter den Teammitgliedern aufteilt beziehungsweise die intern abgesprochene Aufteilung respektiert,
- wer sich bei Problemen nicht vergräbt, sondern die anderen Teammitglieder fragt,
- wer umgekehrt kein Hoheitswissen hortet, sondern sein Wissen mit anderen teilt und ihnen bei der Bewältigung ihrer Aufgaben hilft und
- wer nicht seine eigenen Aufgaben ständig von anderen erledigen lässt.

Wenn Teamfähigkeit nicht zu Ihren Stärken gehört und Sie lieber allein arbeiten, suchen Sie sich möglichst eine Arbeitsstelle, bei der Sie allein – und nicht im Team – für eine Aufgabe verantwortlich sind. Prüfen Sie dabei ruhig, was hinter der Formulierung in einer Stellenanzeige steckt.

Das Modewort »Teamfähigkeit«

Wenn »Teamfähigkeit« im Stellenprofil gefordert wird, sollten Sie dem zunächst keine allzu große Bedeutung beimessen. Denn »Teamfähigkeit« ist regelrecht zum Modewort geworden. Deshalb taucht die Eigenschaft mitunter auch in Stellenangeboten auf, bei denen sie gar nicht so entscheidend ist. Nur wenn die Aufgabenbeschreibung tatsächlich auf eine Arbeit im Team hindeutet, sollten weniger teamfähige Menschen davon absehen, sich auf die betreffende Stelle zu bewerben.

Hilfsbereitschaft

Manche Berufe erfordern viel Idealismus und einen selbstlosen Einsatz.

Ein gewisses Maß an Hilfsbereitschaft ist in vielen Berufen wünschenswert. Es gibt aber Berufsfelder, in denen diese Eigenschaft in stärkerem Maß gefordert ist als anderswo. Beispielsweise sind viele Tätigkeiten im karitativen oder kirchlichen Bereich, in sozialen Einrichtungen und bei wohltätigen Organisationen nur denkbar für Menschen, die mehr als das übliche Maß an Hilfsbereitschaft mitbringen. Wer gern andere bei der Lösung ihrer Probleme unterstützt, findet möglicherweise im karitativen Bereich seine Traumstelle.

Wichtig für Teammitglieder, unerlässlich für Chefs

Überzeugungs- und Motivationskraft

Überzeugungs- und Motivationskraft braucht ein guter Vorgesetzter, aber auch bei der gleichberechtigten Zusammenarbeit mit anderen ist sie wichtig. Fragen Sie sich:

- Können Sie sachlich und stichhaltig argumentieren?
- Können Sie andere für Ihre Ideen begeistern?
- Können Sie Menschen zur Bewältigung von Aufgaben motivieren, die diese sich zunächst nicht zutrauen oder zu denen sie womöglich keine Lust haben?
- Können Sie Menschen loben, wenn sie etwas gut gemacht haben?
- Können Sie eventuell nötige Kritik so konstruktiv anbringen, dass sie nicht zum Motivationskiller wird?
- Können Sie im Team vermitteln, sodass auch Mitglieder mit gegensätzlichen Meinungen sich einigen?

Wenn Sie diese Fragen bejahen können, deutet das auf gute Überzeugungs- und Motivationskraft hin, wie sie vor allem in der Zusammenarbeit mit Kollegen, aber auch im Umgang mit Kunden und Geschäftspartnern nötig ist.

Teamleitung im Kundendienst
Margarete L. ist Teamleiterin im Kundendienst. Zu ihrem Team gehören acht Mitarbeiter, die sich um telefonisch, per Brief und E-Mail eingehende Kundenanfragen und Beschwerden kümmern. Vor allem die Beschwerden sind für viele der Mitarbeiter von Margarete L. belastend. Manche Kunden sind sehr verärgert und reagieren recht ungehalten, wenn man ihr Problem nicht sofort aus der Welt schafft. Das frustriert die Mitarbeiter häufig. Zu Margarete L.s Aufgaben gehört es, ihr Team immer wieder zu motivieren und regelmäßig zu schulen, damit die Mitglieder auch bei schwierigen Fällen ruhig und freundlich bleiben.

Wer Organisationstalent besitzt, weiß oft nicht, wie gefragt diese Eigenschaft ist.

Organisationstalent

Manche Menschen sind wahre Organisationskünstler. Sie erstellen Pläne und sorgen für deren Umsetzung, bewahren stets den Überblick, halten alle Fäden in der Hand und kümmern sich um mehrere Aufgaben gleichzeitig. Oft sind sie sich gar nicht darüber im Klaren, wie wertvoll diese Eigenschaft aus Sicht eines Arbeitgebers ist.
Viele Menschen sind nämlich überfordert, wenn sie sich um mehrere Angelegenheiten gleichzeitig kümmern sollen, statt sich konzentriert nur einer Aufgabe zu widmen. In einigen Berufen und Tätigkeiten kann man nur mit einem hohen Maß an organisatorischem Geschick erfolgreich sein. Beispiele dafür sind etwa diese:

Assistenz und Sachbearbeitung

Elke C. arbeitet als persönliche Assistentin für den viel beschäftigten Vorstand eines Medienkonzerns. An einem typischen Arbeitstag wählt sie unter den unzähligen telefonischen und schriftlichen Anfragen im Posteingang ihres Vorgesetzten diejenigen aus, die er tatsächlich selbst bearbeiten muss. Um den Rest kümmert sie sich in Absprache mit den Fachabteilungen. Daneben bereitet sie zum Beispiel die Teilnahme ihres Chefs an einer Podiumsdiskussion vor, bucht seine Flüge, erstellt in Zusammenarbeit mit der Kommunikationsabteilung ein Briefing oder ein Skript für einen Vortrag. Zusätzlich kümmert sie sich um Zuarbeiten für ein internes Papier zur strategischen Planung, das dem Aufsichtsrat vorlegt werden soll.
Der Sachbearbeiter Holger J. arbeitet in der Rechtsabteilung einer Messegesellschaft. Er bearbeitet sämtliche offenen Forderungen des Unternehmens und ist verantwortlich für die Vereinbarung von Stundungen und Ratenzahlungen. Gleichzeitig ist er Ansprechpartner für reklamierende Kunden, leitet die Reklamationen an die zuständigen Fachabteilungen innerhalb des Unternehmens weiter und koordiniert die Zusammenarbeit dieser Abteilungen bei der Bearbeitung der Reklamationen.

Was versetzt Sie in (negativen) Stress und was nicht?

Unterscheiden Sie positiven und negativen Stress.

Stressresistenz

Stress ist aus dem Berufsleben nicht wegzudenken. Die Suche nach einer gemütlichen und gänzlich stressfreien Tätigkeit wird selten erfolgreich sein. Wer das wirklich wollte, müsste bereit sein, eine Arbeitsstelle weit unter seinen Möglichkeiten anzunehmen, die auf keinen Fall zu hohe Anforderungen an ihn stellt. Wer dagegen eine verantwortungsvolle Tätigkeit anstrebt, muss bereit sein, ein gewisses Maß an Stress zu akzeptieren, und er muss lernen, damit umzugehen.
Fragen Sie sich an dieser Stelle nicht, ob Sie zu den stressresistenten Menschen gehören oder nicht. Viel weiter bringt Sie die Frage, wodurch Sie sich am ehesten gestresst fühlen, mit welcher Art von Stress Sie gut und mit welcher Sie weniger gut zurechtkommen. Entsprechend können Sie dann Ihr berufliches Ziel eingrenzen, damit Sie sich nicht ständig Anforderungen ausgesetzt sehen, die Sie in übermäßigen Stress versetzen.

Zeitdruck, Reisen und emotionaler Druck
Die Kassiererin Katharina L. arbeitet bei einer großen Einzelhandelskette. Normalerweise hat sie Spaß an ihrer Arbeit und sie findet immer ein freundliches Wort für ihre Kunden. Wenn sich allerdings eine lange Schlange an ihrer Kasse bildet, wird sie nervös, weil die ungeduldigen Blicke der Kunden sie aus der Ruhe bringen. Dieser Zeitdruck, einen Kunden nach dem anderen so schnell wie möglich abzufertigen, setzt sie stark unter negativen Stress. Ihrer jungen Kollegin Corinne G. dagegen scheinen lange Kundenschlangen überhaupt nichts auszumachen. Im Gegenteil, sie genießt es, wenn endlich richtig etwas los ist (positiver Stress).
Franka N. arbeitet als Teamleiterin in einer Telefonagentur. Sie und ihr Team müssen sowohl Verkaufsgespräche führen als auch Kundenbeschwerden entgegennehmen. Wegen der hohen Zielvorgaben herrscht ein hoher Druck, dem sich Franka N. auf Dauer nicht gewachsen fühlt (negativer Stress). Ihren Kollegen Ulrich R. dagegen scheinen die Vorgaben erst richtig zu motivieren, sich und sein Team zu Höchstleistungen anzuspornen (positiver Stress).

Wer seinen Arbeitgeber repräsentiert, muss gute Umgangsformen haben.

Umgangsformen

Von Mitarbeitern mit Kundenkontakt erwarten Arbeitgeber in aller Regel gute Umgangsformen. Immerhin repräsentieren diese Arbeitnehmer das Unternehmen nach außen, etwa bei Kunden vor Ort oder auf Messen. Nicht selten werden Sie als Bewerber deshalb schon beim Vorstellungsgespräch auf Ihr Benehmen hin getestet: Wissen Sie, welche Reihenfolge beim Vorstellen und Bekanntmachen üblich ist? Wer reicht wem zuerst die Hand? Wann dürfen Sie sich setzen? Gast oder Gastgeber: Wer geht in welcher Situation voran?
Es gibt nach wie vor eine ganze Reihe von Höflichkeitsregeln, auf deren Einhaltung in bestimmten Berufen viel Wert gelegt wird.

Vertriebsmitarbeiterin und Rezeptionist
Ines W. ist Vertriebsmitarbeiterin im Außendienst. Sie betreut in ihrem Verkaufsgebiet Stammkunden und akquiriert Neukunden. Stets ist der erste Eindruck, den sie bei potenziellen neuen Kunden macht, entscheidend. Dabei beurteilt der Kunde nicht nur Ines W. als Person, sondern er schließt von ihrem Auftreten auch auf das Unternehmen, das sie repräsentiert. Ihre Umgangsformen tragen entscheidend zu diesem ersten Eindruck bei.
Stefan D. ist Rezeptionist in einem Fünfsterne-Wellnesshotel. Sein Arbeitgeber erwartet von ihm ein sicheres und selbstbewusstes Auftreten und sehr gute Umgangsformen. Fehler in seinem Benehmen gegenüber Hotelgästen darf er sich nicht leisten.

Notieren Sie sich alle fachlichen Qualifikationen und Soft Skills in einer Liste Ihrer Fähigkeiten.

Ergebnisse zusammenfassen

Am Schluss Ihrer Suche nach Ihren fachlichen Qualifikationen und Ihren Soft Skills steht eine Liste mit all dem, was Sie besonders gut können oder sich zumindest zutrauen, und mit den Fähigkeiten und Eigenschaften, die Sie haben.

Belege suchen und in der Bewerbung anführen

Idealerweise suchen Sie zu jeder Ihrer Qualifikationen, zu jeder Fähigkeit und Eigenschaft, die für eine spätere Stelle bedeutsam sein könnte, einen Beleg. Das kann ein Fortbildungszertifikat sein, ein Hinweis in einem Arbeitszeugnis, eine Arbeitsprobe oder die Referenz eines früheren Kunden. Zusätzlich können Sie aber auch Hobbys oder Freizeitbeschäftigungen anführen, wenn diese zum Beispiel geeignet sind, Eigenschaften wie Verhandlungsgeschick oder Teamfähigkeit nachzuweisen. Solche Belege machen Ihre Aussage in der Bewerbung besonders glaubwürdig.

Berufliche Erfahrung, das große Plus

Ihre berufliche Qualifikation ist aber nicht vollständig dargestellt, wenn Sie nicht auch Ihre Erfahrung einbeziehen. Sie ist es, die Sie als Best Ager so besonders und einzigartig macht. Die Berufserfahrung ist für 45+-Bewerber ein Schwerpunkt und ein Hauptargument im Rahmen der Bewerbung. Deshalb sollten Sie sich unbedingt eingehend mit allen Erfahrungen, die Sie im Laufe Ihres Berufslebens zusätzlich erworben haben, auseinandersetzen.

Von Expertenwissen bis zum beruflichen Netzwerk

Rückblick auf die berufliche Laufbahn

Auf den ersten Blick werden Ihnen vielleicht nur die umfangreichen Kenntnisse einfallen, die Sie im Rahmen von Aus- und Weiterbildungen erworben haben. Darum geht es jetzt aber nicht. Hier soll es um all das Wissen und Können gehen, das Sie sich sozusagen »nebenbei« während Ihrer täglichen Berufspraxis, also »on the job«, aneignen konnten. Dazu gehört beispielsweise Expertenwissen zu einzelnen Produkten oder Dienstleistungen, spezielles Know-how zu technischen Anlagen, im

Computerbereich oder zu bestimmten Abläufen, aber ebenso Ihre Kontakte und die Kenntnis beruflicher Netzwerke.
Auch im Bereich Soft Skills gibt es ganz sicher eine Reihe von Kompetenzen, die Sie im Laufe der Zeit und in der Zusammenarbeit mit den unterschiedlichsten Vorgesetzten, Kollegen, Kunden und Geschäftspartnern erwerben konnten und die Ihre Arbeit für ein Unternehmen besonders wertvoll macht; zum Beispiel Ihre Gelassenheit in schwierigen Situationen, Ihr Durchhaltevermögen oder Ihre Menschenkenntnis.

Bedenken Sie: Mit zunehmender Erfahrung fällt es schwerer, die eigenen Stärken und Schwächen wahrzunehmen.

Gehen Sie in sich und notieren Sie sich alles, was Ihnen einfällt. Hüten Sie sich davor, alles für selbstverständlich zu halten. Viele der eigenen Vorzüge und Qualitäten hält man für normal. Bei genauerem Hinsehen sind sie das aber gar nicht. Denn gerade Best Ager haben häufig so viele Qualifikationen erworben und Berufsstationen absolviert, dass sie eine ganz eigene und besondere Mischung an Kompetenzen bieten können. Dieses überzeugende Bewerbungsargument sollten Sie unbedingt nutzen. Nehmen Sie sich die folgende Checkliste zu Hilfe, damit Sie sich möglichst über alle Ihre zusätzlichen Qualifikationen, die Sie aufgrund Ihrer langen Berufserfahrung erwerben konnten, klar werden.

Checkliste: Besondere Qualifikationen durch (Berufs-) Erfahrung. Fragen Sie sich selbst:

- Was steht über mich in meinen Zeugnissen? Wie werde ich beschrieben?
- Wie haben mich meine Chefs in Beurteilungsgesprächen oder bei anderen Anlässen dargestellt? Welche Eigenschaften oder Kenntnisse von mir haben sie hervorgehoben?
- Was sagen meine Kollegen über mich? Was haben sie besonders an mir geschätzt?

- Was haben Kunden über mich oder zu mir gesagt? Warum waren sie mit meiner Arbeitsweise zufrieden?
- Machen andere öfter mal humorvolle Bemerkungen über meine Arbeitsweise?
- Haben mir Kollegen einen Spitznamen gegeben, der eine ganz bestimmte Qualität von mir beschreiben soll?
- Was haben Vorgesetzte und Kollegen in Abschiedsreden oder bei Stellenwechseln über mich gesagt?
- Welche Qualitäten schätzen Menschen in meinem privaten Umfeld an mir, die auch wichtig für das Berufsleben sind? Fragen Sie dazu Freunde und Angehörige noch einmal ganz genau.
- Welche meiner Stärken werden in privaten Organisationen (Verein, Ehrenamt), in denen ich aktiv oder tätig bin, hervorgehoben oder gelobt?

Fallen erkennen, effektive Handlungsstrategien anwenden

Geübt im Umgang mit Menschen und Problemen

Best Ager verfügen über eine reichhaltige Berufserfahrung und eine ausgeprägte Sozialkompetenz. Das erkennen auch immer mehr Unternehmen und setzen zunehmend auf gemischte Teams mit jungen Mitarbeitern und Best Agern. Jüngere und 45+-Beschäftigte müssten sich keineswegs in ihrer beruflichen Leistungsfähigkeit unterscheiden, sagt der Altersforscher und Direktor des Instituts für Gerontologie der Universität Heidelberg, Prof. Dr. Andreas Kruse. So könnten 45+-Mitarbeiter den höheren Zeitaufwand für manche Aufgaben mit ihrem Erfahrungswissen ausgleichen – etwa dem Wissen um effektive Handlungsstrategien. Denn es gibt kaum einen Fehler, den Mitarbeiter im Alter von über 45 Jahren im Laufe ihres Berufslebens nicht bereits gemacht hätten. Viele Sackgassen, in die jüngere Mitarbeiter vielleicht noch geraten und die Zeit und Geld kosten, erkennen erfahrene Mitarbeiter früher. Dadurch sparen sie dem Unternehmen bares Geld.

Best Ager wissen, wie sie Kunden an das Unternehmen binden können.

Darüber hinaus erweisen sich Best Ager im Umgang mit anderen Menschen oft als souveräner und einfühlsamer als jüngere Mitarbeiter. Das bringt vor allem bei Positionen mit Kundenkontakt wichtige Vorteile für das Unternehmen. Und auch bei schwierigen Verhandlungen mit Kunden oder Geschäftspartnern schneiden erfahrene Mitarbeiter meist besser ab als jüngere. Hier können 45+-Mitarbeiter im Team als Vorbild wirken und Jüngere vor Fehlern bewahren.

In gemischten Teams lernt also jeder von jedem. Die Jungen haben Gelegenheit, sich etwas von dem Weitblick und dem Verhandlungsgeschick der Best Ager abzuschauen, die Älteren lernen von der lockeren und unkonventionellen Art der jüngeren Mitarbeiter im Umgang mit Problemen oder dem spielerischen Umgang mit der Technik.

Best Ager beweisen entgegen allen Vorurteilen Flexibilität.

Altersgemischte Teams mit jungen und 45+-Mitarbeitern erweisen sich so häufig als sehr produktiv. Und Generationskonflikte gibt es weniger, als Personalverantwortliche befürchten. Denn »alte Hasen sind meist sogar recht innovationsfreudig«, hat Monika Birkner, Coach für Fach- und Führungskräfte, beobachtet. »Sie sind gewohnt, sich immer wieder auf neue Gegebenheiten einzustellen.«

Vertriebsbeauftragter und Sachbearbeiterin

Der 50-jährige erfahrene Vertriebsbeauftragte Thomas B. kennt seine Branche (Heizung, Sanitär) in- und auswendig. Er kann eine über 30-jährige Berufserfahrung im Bereich Heizung und Sanitär einbringen und ist mit den wichtigsten Ansprechpartnern gut bekannt. Er weiß, wer als potenzieller Kunde infrage kommt, kennt die Probleme und Bedürfnisse seiner Zielgruppe, verfügt über ein fantastisches Netzwerk und verliert kaum noch Zeit mit aussichtslosen Verkaufsgesprächen. Seine Erfahrung ermöglicht es ihm, zielorientiert und effizient zu arbeiten. Durch seine Arbeitsweise senkt er die Vertriebskosten seines Unternehmens. Zudem eignet er sich hervorragend dazu, jüngere Vertriebsmitarbeiter in die Geheimnisse erfolgreicher Kundengewinnung und Verhandlungsführung einzuweihen.

Die 54-jährige Sachbearbeiterin für Lohn und Gehalt Gisela F. hat sich in den vergangenen sieben Jahren ihres

Berufslebens ein umfangreiches Wissen im Melde- und Bescheinigungswesen aufgebaut. Sie beherrscht die Entgeltabrechnung mit SAP R/3 (HR) und besitzt gute Kenntnisse im Arbeits-, Sozialversicherungs-, Steuer- und Reisekostenrecht. Zudem hat sie gute Kontakte zu den wichtigen Ansprechpartnern bei den zuständigen Behörden und ist so in der Lage, langwierige formale Prozesse abzukürzen. Sie reagiert auch in schwierigen Situationen gelassen und geht Probleme ruhig und selbstbewusst an. Wenn es mal nicht gut läuft, reagiert sie besonnener als junge Mitarbeiter. Sie bringt Ruhe in das Team und bereichert es mit dem Wissen aus ihrer langjährigen Erfahrung. Indirekt schult sie so die jüngeren Mitarbeiter und senkt damit die Weiterbildungskosten des Unternehmens.

Erfahrung als Stärke hervorheben

Nutzen Sie also eine Ihrer größten Stärken, Ihre Erfahrung, bei Ihren Bewerbungen und stellen Sie diese sowohl in Ihren Bewerbungsunterlagen als auch später in den Jobinterviews angemessen heraus.

Gute Nutzenargumente finden

Tipp: Prüfen Sie das Stellenangebot, auf das Sie sich bewerben wollen, genau. Überlegen Sie aus der Sicht Ihres Wunscharbeitgebers: Welche Ihrer ganz speziellen Erfahrungen könnten im Hinblick auf das Anforderungsprofil für ihn besonders interessant sein?
Wichtig: Vermeiden Sie in Ihrer Bewerbung die floskelhafte Aussage, dass Sie Erfahrung haben. Das allein überzeugt keinen Personalverantwortlichen. Beschreiben Sie stattdessen genau, welche Erfahrungen Sie haben und welchen Nutzen der potenzielle Arbeitgeber daraus ziehen könnte. Das Kostenargument erzielt dabei immer noch die beste Wirkung. Wer dem Arbeitgeber nachvollziehbar darlegen kann, dass er dem Unternehmen mit seiner Erfahrung dabei hilft, Kosten zu senken, ist auf dem Weg zum begehrten Job schon einen großen Schritt weiter.
Vorbereitung: Legen Sie zur Vorbereitung eine zweispaltige Tabelle an. Schreiben Sie in die linke Spalte die Erfahrungen, die Sie im Laufe der Zeit erworben haben.

In der rechten Spalte formulieren Sie dazu jeweils, welchen Nutzen Sie Ihrem potenziellen Arbeitgeber – laut Stellenanzeige – bieten können. Nehmen Sie sich dafür ausreichend Zeit und formulieren Sie Ihre Nutzenargumente so konkret wie möglich.

Machen Sie deutlich, wie Sie als Mitarbeiter Kosten reduzieren können.

Beispiele für Nutzenargumente
Der Vertriebsbeauftragte vermindert durch seine effektive Arbeitsweise die Vertriebskosten seines Arbeitgebers, schult gleichzeitig den Nachwuchs und senkt so die Weiterbildungskosten.
Die Sachbearbeiterin strafft aufgrund ihrer Praxiserfahrung die zeitlichen Abläufe und senkt damit die Personalkosten. Sie gibt wertvolles Know-how an die jüngeren Mitarbeiter weiter und reduziert damit die Schulungskosten.

Verlassen Sie sich bei Ihrer Jobsuche aber nicht nur auf Ihre Erfahrung. Denn so wertvoll diese auch ist: Sie spiegelt Ihre Vergangenheit wider. Aus Arbeitgebersicht ist es mindestens ebenso wichtig, dass die Mitarbeiter zukunftsfähig sind. Das heißt: Zeigen Sie gleichzeitig, dass Sie offen für Innovationen sind und auch Spaß an der Veränderung haben. Wenn Sie nämlich zu einseitig Ihre Erfahrung betonen, könnten Personalverantwortliche Sie schnell für einen rückwärtsgewandten Bewahrer halten mit dem Motto: »Das habe ich immer so gemacht. Das werde ich auch in Zukunft nicht ändern.«

Der passende Arbeitsplatz

Was wollen Sie?

Die eigenen Wünsche nicht ignorieren

Sie haben sich jetzt ausführlich damit befasst, was Sie können. Nun ist es an der Zeit, sich zu überlegen, was Sie sich wünschen, was Sie wollen. Leider sind Können und Wollen nicht immer deckungsgleich.

In einem ersten Schritt geht es darum, den gewünschten Tätigkeitsbereich zu definieren. In einem zweiten Schritt überlegen Sie sich, welche Position Sie anstreben.

Welche Tätigkeiten liegen Ihnen und welche kommen nicht infrage?

Passende Tätigkeitsbereiche finden

Schauen Sie sich die Liste Ihrer fachlichen Qualifikationen, Ihrer Soft Skills und Ihrer Erfahrungen einmal genauer an. Überlegen Sie, auf welche Ihrer Fähigkeiten Sie besonders stolz sind, welche Tätigkeiten Sie besonders gern ausüben. Suchen Sie dann speziell in diesem Bereich nach Branchen und potenziellen Arbeitgebern, die für Sie infrage kommen, oder nach einzelnen Stellen, auf die Sie sich bewerben wollen.

Wer eine Stelle anstrebt, für die er nicht die nötigen Qualifikationen und Fähigkeiten mitbringt, kann noch so viele Bewerbungen schreiben, er wird wahrscheinlich dennoch nur Absagen erhalten. Wenn Sie sich dagegen einen Bereich aussuchen, der sich mit einer bisherigen Tätigkeit überschneidet, haben Sie es leichter, einem potenziellen künftigen Arbeitgeber klarzumachen, dass Sie sich für die gewünschte Stelle eignen. Denn Personalverantwortliche neigen dazu, Bewerber auf das festzulegen, was sie bisher gemacht haben.

Was wollen Sie auf gar keinen Fall?

Zur Definition Ihrer Wünsche gehört auch die Frage nach den Dingen, die Sie nicht wollen. Teilweise haben Sie sich damit schon beim Stichwort »Stress« auseinandergesetzt. Entscheiden Sie für sich, mit welchen beruflichen Anforderungen Sie zurechtkommen und welche für Sie nicht infrage kommen. Nehmen Sie dabei auch Rücksicht auf gesundheitliche Einschränkungen.

Problematische Faktoren im Berufsleben

- Häufige Reisen, Hotelübernachtungen und Zeitverschiebungen
- Unregelmäßige Arbeitszeiten, Nachtarbeit, Schichtbetrieb

- Stets gleichförmige Arbeitsabläufe, Routinearbeiten
- Eine Stelle, für die eine strenge Kleiderordnung gilt (zum Beispiel Bank, Vermögensberatung, Hotellerie)
- Körperliche Arbeit (zum Beispiel wegen gesundheitlicher Einschränkungen)
- Arbeit nur im Sitzen (etwa bei Rückenproblemen)
- Arbeit vorwiegend im Stehen (zum Beispiel bei Kreislaufschwäche)
- Arbeit am Bildschirm (zum Beispiel bei Sehbehinderung)
- Vollzeitarbeit (zum Beispiel wegen Kinderbetreuung)
- Ein Berufsleben, das sich nicht mit dem Familienleben vereinbaren lässt
- Teamarbeit (für Menschen, die lieber für sich allein arbeiten)
- Eine Führungsposition (für Menschen ohne Führungsstärke)
- Eine Mitarbeiterposition (für führungsstarke Menschen)

Die Position auf der Karriereleiter

Es muss nicht zwangsläufig immer aufwärtsgehen.

Wollen Sie noch in der Hierarchie aufsteigen und Karriere machen? Oder wollen Sie eine neue Stelle antreten, die in etwa auf dem gleichen Niveau liegt wie die bisherige? Auch ein Schritt zurück ist unter bestimmten Umständen denkbar. Machen Sie sich klar, dass es – auch wenn Sie bisher erfolgreich waren – nicht um jeden Preis aufwärtsgehen muss. Überlegen Sie sich, welcher Weg auf der Karriereleiter für Sie der richtige ist. Ihnen stehen verschiedene Möglichkeiten offen. Welche Sie anstreben, sollten Sie auch von Ihrem Ehrgeiz und von Ihrer persönlichen Zufriedenheit mit Ihrer Position abhängig machen.

Bevor eine Überforderung droht: Stelle auf gleichem Niveau anstreben

Immer nur aufwärts – viele Berufstätige machen die Erfahrung, dass dies gar nicht ihren Bedürfnissen entspricht. Das sogenannte Peter-Prinzip lehrt: Man kann auf der Karriereleiter auch eine Sprosse zu weit nach oben klettern,

nämlich so weit, dass man mit der eigenen Position überfordert ist.
Für viele stellt sich nach einigen Jahren oder Jahrzehnten Berufserfahrung zudem die Frage nach den Prioritäten ganz neu. Stand nach der Ausbildung zunächst die berufliche Karriere im Mittelpunkt, sind es nach vielen Jahren der Berufserfahrung möglicherweise die Familie, die Hobbys, ein ehrenamtliches Engagement oder die Gesundheit. Es gibt viele Best Ager, die nicht mehr bereit sind, für ihre Arbeit und die Karriere weiterhin alle anderen Interessen hintanzustellen.
Wenn Sie für sich zu dem Schluss kommen, dass Sie zwar Ihre Stelle wechseln, aber nicht weiter aufsteigen möchten, dann handeln Sie entsprechend. Suchen Sie gezielt nach Stellen, die Ihrem bisherigen Aufgabengebiet entsprechen. Möglicherweise erzielen Sie trotzdem eine Gehaltssteigerung, vor allem dann, wenn Sie eine gefragte Qualifikation mitbringen, in der Ihnen kaum ein Mitbewerber Konkurrenz machen kann.

Befristung, Teilzeit oder Zeitarbeit

Nicht immer steht eine unbefristete Vollzeitstelle zur Verfügung.

Viele Unternehmen sind vorsichtig geworden und bieten Bewerbern nur noch befristete Arbeitsverträge oder Teilzeitjobs an. Kleinere Unternehmen suchen oft einen Mitarbeiter für einen begrenzten Zeitraum oder in Teilzeit, zum Beispiel weil sie sich dauerhaft keine Vollzeitkraft leisten können oder ganz einfach nicht permanent ausreichend Arbeit zu vergeben haben.
Was spricht zum Beispiel dagegen, mehrere Jobs gleichzeitig auszuüben, wenn diese sich zeitlich miteinander vereinbaren lassen, um damit das Einkommen eines Vollzeitjobs zu erzielen? Überlegen Sie sich daher, ob Sie sich mit einer solchen beruflichen Situation anfreunden können, um so die Zeit Ihrer Arbeitslosigkeit abzukürzen.

Bündeln Sie Teilzeitjobs zu einer Vollzeitbeschäftigung.

Viele Personalverantwortliche machen auf diese Art sehr gute Erfahrungen mit 45+-Mitarbeitern. Diese bringen ausreichend Erfahrung mit, sodass sie kaum eingearbeitet

werden müssen, sie sind zum Großteil flexibel und meistens auch verfügbar.
Als Best Ager können Sie mit dieser kreativen Jobgestaltung künftigen potenziellen Arbeitgebern beweisen, dass Sie motiviert, besonders flexibel und bereit sind, sich schnell in neue Aufgaben und in verschiedene Teams einzuarbeiten. Zudem halten Sie so Ihre beruflichen Qualifikationen und Ihr Know-how auf dem aktuellen Stand.
Durch Teilzeitjobs oder befristete Arbeitsverträge bleiben Sie aktiv im Beruf und vermeiden ausgedehnte Lücken in Ihrer Erwerbsbiografie, was sich im Lebenslauf und in künftigen Bewerbungssituationen sehr positiv auswirkt.
Das sind also die besten Voraussetzungen, um über kurz oder lang auch wieder in eine lukrative Festanstellung einsteigen zu können.

Mit Zeitarbeit Arbeitslosigkeit überbrücken

Personalengpässe federn Unternehmen zunehmend auch mit dem Modell der Zeitarbeit ab, und sie können so ihre Personalpolitik flexibler gestalten. Best Ager stehen – Umfragen zufolge – der Zeitarbeit nicht besonders positiv gegenüber, weil sie befürchten, ihre Arbeitskraft und ihr Know-how könnte für wenig Geld »verheizt« werden. Auch hier sind oft Vorurteile im Spiel. Denn gerade über Zeitarbeit können Sie Ihre Motivation und Ihre Qualifikation in verschiedenen Unternehmen hervorragend unter Beweis stellen. Es gibt viele Beispiele von Arbeitnehmern, die über die Zeitarbeit wieder in eine Festanstellung gewechselt sind. Als Zeitarbeiter zeigen Sie potenziellen künftigen Arbeitgebern zudem, dass Sie nicht untätig waren, nachdem Sie Ihren Job verloren hatten, sondern Initiative ergriffen und weitere Berufserfahrungen gesammelt haben.

Der Wiedereinstieg in die Berufswelt

Ob Erziehungszeiten, die Pflege von Angehörigen, ein Sabbatjahr, ein Auslandsaufenthalt, eine Phase der Krankheit oder Arbeitslosigkeit – viele Best Ager bewerben sich erst nach einer längeren Pause wieder für eine berufliche Tätigkeit.

Mit Selbstbewusstsein wieder auf den Arbeitsmarkt

Es hängt von Ihrer persönlichen Situation und von Ihrer Qualifikation ab, welche Position Sie bei einem Wiedereinstieg erreichen können. Hier ist es besonders wichtig, sich klarzumachen, was Sie wollen und können und ob Sie bereit sind, für den Wiedereinstieg auch Abstriche in Bezug auf die Qualifizierung der Stelle und das Gehalt zu machen. Jeder Wiedereinstieg erfordert besonders viel Selbstbewusstsein. Sie konkurrieren häufig mit Menschen, die direkt aus einer Anstellung kommen und sich Tag für Tag mit Dingen beschäftigt haben, in die Sie sich erst wieder einarbeiten müssen.

Besonders jemand, der sich aus der Arbeitslosigkeit heraus bewirbt, ist oft froh, überhaupt eine Stelle zu finden. Unterschätzen Sie sich aber nicht und wägen Sie gut ab, ob Sie ein viel zu niedrig bezahltes Stellenangebot annehmen wollen. Das hat häufig die langfristige Folge, dass Sie es dann nicht mehr schaffen, eine angemessene Position zu erlangen. Bleiben Sie daher beim Bewerben selbstbewusst.

Sind Ihre Kenntnisse womöglich veraltet?

Nehmen Sie sich Ihre Liste mit den fachlichen Qualifikationen und Soft Skills zur Hand. Es kann sein, dass Sie sich nach mehreren Jahren fehlender Berufspraxis auf einem Gebiet nicht mehr sicher fühlen. Vielleicht sind Ihre Kenntnisse auch in der Zwischenzeit veraltet – besonders in der Informations- und Computertechnik ist diese Gefahr nicht zu unterschätzen.

Setzen Sie sich mit solchen Defiziten gezielt auseinander. Nur so können Sie den Vorbehalten begegnen, die potenzielle Arbeitgeber womöglich gegen Sie hegen.

Bereitschaft zur Weiterbildung signalisieren

Wenn Sie nicht auf dem neuesten Stand sind, gibt es zwei Möglichkeiten: Entweder Sie versuchen, sich noch vor der Bewerbung auf dem betreffenden Gebiet fit zu machen – etwa durch Kurse, Trainings oder Seminare. Oder Sie sprechen das Thema offen in der Bewerbung an. Signalisieren Sie Ihre Bereitschaft, sich entsprechend weiterzubilden.

Darauf lassen sich potenzielle Arbeitgeber durchaus manchmal ein, vor allem, wenn Sie im Gegenzug bereit sind, beim Gehalt Abstriche zu machen. Ihre Chancen sind gut, wenn Sie sich ansonsten hoch motiviert und qualifiziert zeigen und deutlich wird, dass Sie nicht mehr vorhaben, die Stelle zu wechseln.

Wenn ein Abstieg unumgänglich ist

Nicht immer ist es möglich, sich beruflich zu verbessern oder das Niveau der letzten Stelle zu halten. Manchmal sind Abstriche unausweichlich. Das passiert etwa, wenn Sie schon länger arbeitslos sind oder aus familiären Gründen plötzlich gezwungen sind, in Teilzeit zu arbeiten. Auch wer sich auf seiner aktuellen Stelle überfordert fühlt oder gesundheitliche Einschränkungen berücksichtigen muss, sollte sich überlegen, ob nicht eine weniger anspruchsvolle Position erstrebenswert wäre. Oft ist zudem bei Langzeitarbeitslosen nur eine Beschäftigung unterhalb der ursprünglichen Position realistisch, weil die Qualifikation den aktuellen Anforderungen des Arbeitsmarktes nicht mehr genügt.

Machen Sie das Beste aus Ihrer Situation. Verkaufen Sie sich nicht unter Wert, aber beharren Sie auch nicht auf alten Ansprüchen, die sich vielleicht unter den aktuellen Rahmenbedingungen nicht durchsetzen lassen.

Bereitschaft ansprechen, zu bleiben

Arbeitgeber sind misstrauisch, wenn sich jemand auf eine Position bewirbt, für die er »überqualifiziert« ist. Es wird dann vermutet, dass ein solcher Arbeitnehmer umgehend wechselt, sobald er eine bessere Stelle gefunden hat. Dann müssten sie erneut einen Kandidaten suchen und einarbeiten.

Diese Befürchtungen sollten Sie als Bewerber entkräften. Lassen Sie durchblicken, dass Sie sich bewusst für eine niedrigere Position als die bisher erreichte bewerben.

Signalisieren Sie dem Arbeitgeber glaubhaft, dass Sie an einer langfristigen Bindung interessiert sind und die Anstellung bei ihm nicht als Provisorium betrachten.

Malen Sie sich Ihren idealen Arbeitgeber aus.

Der ideale Arbeitgeber

Bevor Sie sich auf Stellensuche begeben, sollten Sie Vorstellungen entwickeln, wo Sie am liebsten arbeiten würden. Wie sollte Ihr Arbeitgeber idealerweise sein? Die Möglichkeiten sind vielfältig.

- **Rechts- oder Organisationsform:** Möchten Sie bei einem Wirtschaftsunternehmen arbeiten? Oder kommt für Sie eine Stelle bei einer Behörde, bei einer Non-Profit-Organisation, in einer Kanzlei, Praxis oder bei einer kulturellen Einrichtung eher infrage?
- **Größe:** Als Best Ager haben Sie in kleinen oder mittelständischen Unternehmen häufig bessere Chancen, weil die Einstellung neuer Mitarbeiter weniger formal und hierarchisch organisiert ist und Sie einen direkten Kontakt zu den Entscheidern herstellen können. Im Übrigen hat sich auch bei den mittelständischen Unternehmern die Einstellung zu älteren Mitarbeitern gewandelt. Bereits im Jahr 2006 ergab eine Umfrage des Bundes der Selbständigen (BDS) in Bayern, dass 34 Prozent der Mitglieder ältere Mitarbeiter mittlerweile als Chance sehen und nur noch 14 Prozent als Risiko. 52 Prozent gaben an, das Alter spiele keine Rolle.
  Zudem haben Sie in kleinen und mittelständischen Unternehmen oft mehr Freiraum und Verantwortung und müssen sich mit weniger Bürokratie herumschlagen als in Großunternehmen.

Welche Branchen erscheinen Ihnen interessant?

- **Branche:** Möchten Sie gern in einer bestimmten Branche arbeiten? Interessiert Sie besonders der Automobilbau, die Computertechnik, der Handel, die Konsumgüter- oder die Pharmaindustrie, der Finanz- oder der Medienbereich, die Werbung oder die Kommunikation?

Bevorzugen Sie zunächst einen Bereich, mit dem Sie sich gern beschäftigen, dessen Produkte oder Dienstleistungen Ihnen interessant erscheinen. Dann können Sie sich besser in den möglichen Arbeitgeber hineindenken – das wird Ihnen beim Formulieren Ihrer Bewerbung helfen.

Bevorzugen Sie eine bestimmte Region?

- **Region:** Lassen Sie auch die Frage nach der gewünschten Region nicht außer Acht. Vielleicht sind Sie tief mit Ihrer Heimat verwurzelt und möchten am liebsten dort arbeiten. Womöglich gibt es aber auch eine andere Gegend, in die Sie gern umziehen würden. Eventuell sind Sie ein reisefreudiger Mensch, der gern für einige Zeit ins Ausland gehen würde.
- **Stadt oder Land:** Überlegen Sie sich außerdem, ob Sie lieber im Grünen oder in der Großstadt leben und arbeiten möchten.

Möchten Sie in der Stadt oder auf dem Land wohnen und arbeiten?

- **Pendeln:** Überlegen Sie außerdem, ob Sie bereit wären, täglich zu pendeln oder sogar als Wochenendpendler zu leben. Berücksichtigen Sie dabei, dass den meisten Menschen das Pendeln mit zunehmendem Alter Stress bereitet, weil die Erholungszeiten am Abend geringer sind. Anderen machen die täglichen Bahn- oder Autofahrten keine größeren Probleme.

Prioritäten setzen

Setzen Sie Prioritäten: Welche Wünsche sind Ihnen besonders wichtig, welche weniger?

Sicherlich können Sie bei der Stellensuche nicht alle Wünsche gleichermaßen verwirklichen. Trotzdem ist es hilfreich, wenn Sie sich über Ihre Vorstellungen und Ansprüche im Klaren sind, bevor Sie Ihre Bewerbung in Angriff nehmen.

Setzen Sie Prioritäten. Überlegen Sie sich, welche Aspekte Ihnen besonders wichtig und welche verhandelbar sind. Formulieren Sie konkrete Ziele für Ihre berufliche Zukunft. Das sorgt für Klarheit und Zielorientierung – zwei wesentliche Voraussetzungen für Ihre erfolgreiche Bewerbung.

Die gezielte Stellensuche

Sie kennen nun Ihre Fähigkeiten und Wünsche in Bezug auf Ihre künftige berufliche Tätigkeit. Jetzt können Sie gezielt nach Stellen suchen, deren Anforderungsprofil zu Ihnen passt.

Nicht nur in Zeitungen nach offenen Stellen suchen

Nutzen Sie von vornherein die zahlreichen verschiedenen Möglichkeiten, um potenzielle Stellen oder Arbeitgeber ausfindig zu machen. Das sind im Wesentlichen folgende:

- Onlinestellenbörsen
- Stellenangebote in Presse und Fachmedien
- Persönliche Kontakte und Netzwerke
- Recherche nach potenziellen Arbeitgebern
- Jobmessen für Fachkräfte und Fachmessen
- Personalberater und private Arbeitsvermittler

Onlinestellenbörsen

Stellen online suchen

Den größten Stellenmarkt hält heute das Internet mit seinen zahlreichen Onlinestellenbörsen bereit. Für Unternehmen ist die Online-Personalakquisition – im Vergleich mit einer gedruckten Stellenanzeige in einer Tageszeitung oder einem Fachmedium – die schnellere und auch die preiswertere Möglichkeit.

Es gibt viele Onlinestellenbörsen unterschiedlicher Qualität und vor allem auch für die unterschiedlichsten Zielgruppen, auf denen Arbeitgeber ihre offenen Stellen ausschreiben.

Onlinestellenbörsen für Best Ager

Suchen Sie gezielt nach Stellenangeboten für 45+-Bewerber.

Auch für Bewerber, die älter als 45 Jahre sind, gibt es spezielle Onlinestellenbörsen, zum Beispiel **www.plusjobs.de.** Plusjobs bietet erfahrenen Fachkräften eine Plattform, auf der sie nach Auskunft des Portals gute und attraktive Jobs finden oder ihren Lebenslauf hinterlegen können, um Unternehmen auf sich aufmerksam zu machen.

Andere branchenübergreifende Onlinestellenbörsen wenden sich grundsätzlich an alle Altersgruppen, bieten aber zum Beispiel eigene Rubriken für Best Ager an.

Unter **www.jobisjob.de** finden Sie immer wieder Stellenangebote, in denen explizit ältere Bewerber angesprochen werden. Geben Sie unter »Was« den Suchbegriff »Ältere Mitarbeiter« ein.
Unter **www.jobrapido.com** und **http://jobs.trovit.de** gehen Sie analog vor. Auch hier finden Sie Stellenangebote von Arbeitgebern, die ältere Mitarbeiter suchen.

Branchenübergreifende Onlinestellenbörsen

Monster und StepStone

Die beiden derzeit bekanntesten und wichtigsten branchenübergreifenden deutschen Onlinestellenbörsen sind:

- Monster **(www.monster.de)**
- StepStone **(www.stepstone.de)**

Hier werden Stellen verschiedener Branchen, Fachrichtungen und Qualifikationsebenen ausgeschrieben. Zwar sind diese Jobmaschinen nicht ausschließlich auf Best Ager ausgerichtet. Allerdings decken sie die Mehrheit der Anzeigen auf dem Stellenmarkt ab und sind deshalb ein Muss bei der Jobrecherche.
Neben diesen beiden gibt es weitere branchenübergreifende Stellenportale, so zum Beispiel folgende:

- Jobmagazin **(www.jobmagazin.de)**
- Jobonline **(www.jobonline.de)**
- Jobpilot **(www.jobpilot.de)**, Jobline **(www.jobline.de)**, die beide zu Monster gehören
- Jobsafari **(www.jobsafari.de)**
- Jobscout24 **(www.jobscout24.de)**
- Jobstairs **(www.jobstairs.de)**

Stellenbörse der Bundesagentur für Arbeit

Auch die Jobbörse der Bundesagentur für Arbeit **(http://jobboerse.arbeitsagentur.de)** bietet Stellenanzeigen für Bewerber über 45. Die Arbeitsagentur kooperiert mit verschiedenen anderen Onlinestellenbörsen. Hoch qualifizierte Bewerber für die freie Wirtschaft werden hier jedoch eher selten gesucht. Ein Blick auf die Stellenbörse der Arbeitsagentur kann sich aber lohnen, wenn Sie etwa an einer Position im öffentlichen Dienst interessiert sind. Viele kommunale Arbeitgeber, aber auch Landes- und Bundesbehörden schreiben ihre Stellen auf dieser Plattform aus.

Auf dem Portal Stellenblatt **(www.stellenblatt.de)** finden Sie nach Bundesländern geordnet Stellenausschreibungen des öffentlichen Dienstes, zum Beispiel bei kommunalen Behörden sowie bei Landes- und Bundesämtern und -verwaltungen.

Stellensuchmaschinen

Daneben gibt es auch Anbieter, die wie Suchmaschinen funktionieren und die die Angebote Dritter auswerten. Dazu gehören beispielsweise diese:

- JobRobot **(www.jobrobot.de)**
- Jobs **(www.jobs.de)**
- Jobscanner **(www.jobscanner.de)**
- Jobworld **(www.jobworld.de)**
- Opportuno **(www.opportuno.de)**

Als Stellensuchender geben Sie Ihre Suchbegriffe ein und grenzen Ihre Suche zusätzlich – falls erwünscht – regional ein. Dann werden Ihnen die Stellenangebote verschiedener Internetstellenbörsen angezeigt.

Branchen- oder berufsspezifische Onlinestellenbörsen

Spezielle Stellenbörsen für einzelne Berufsgruppen oder Branchen

Neben den bisher aufgeführten Onlinestellenbörsen, bei denen Sie Ihre Suche zunächst nach Branche und Qualifikation eingrenzen müssen, empfehlen sich spezielle Onlinestellenportale für einzelne Berufsgruppen oder einzelne Branchen. Viele Portale dieser Art sind – wie oben erwähnt – Ableger von Fachzeitschriften, von sonstigen berufsspezifischen Print- und Onlinemedien oder von Berufsverbänden. Manche sind auch nur Ausschnitte größerer Onlinestellenbörsen.

Stellenportale für einzelne Berufsgruppen und Branchen

- Auf **www.joborama.de** finden Sie Stellenangebote aus den Bereichen Sport, Fitness, Wellness, Tourismus, Hotellerie und Gastronomie.
- Auf **www.agentur.de** finden Sie Stellenangebote von Werbe- und Medienagenturen.
- Auf **www.efinancialcareers.de** finden Sie Stellenangebote von Banken, Versicherungen, Vermögensberatungen, Investmentgesellschaften und anderen Finanzunternehmen.

Geeignete Stellenbörsen finden

Branchen- und berufsspezifische Onlinestellenbörsen ermitteln Sie am besten über eine Suchmaschine. Geben Sie Ihre Branche oder den angestrebten Beruf und den Zusatz »Jobbörse«, »Stellenbörse«, »Stellenangebote« oder »Stellenmarkt« in das Suchfeld ein.
Alternativ empfiehlt es sich, die Websites von Fachmedien und Fachverbänden aufzusuchen. Meist gibt es dort einen Link »Stellenmarkt«, der Sie auf eine entsprechend spezialisierte Stellenbörse führt.

Tipps für die Nutzung von Onlinestellenbörsen

Genaue Eingrenzung bringt bessere Ergebnisse.

Stellensuche nach Kategorien

Sie wählen hierfür eine bestimmte Branche oder Fachrichtung beispielsweise aus einem Klappmenü aus.

Branchen und Fachrichtungen zur Auswahl

- Gastronomie
- Fitness und Freizeit
- Reisebüros
- Gesundheit und Physiotherapie
- Finanzdienstleistungen
- Assekuranz
- Einzelhandel
- Nahrung/Genussmittel
- Stellensuche nach Schlagwörtern

Bei der Schlagwortsuche Synonyme berücksichtigen

Wann immer es eine Onlinestellenbörse erlaubt, geben Sie Schlagwörter in das dafür vorgesehene Suchfeld ein. In der Regel werden Sie die gewünschte Berufsbezeichnung oder Tätigkeit eintragen, aber auch nach Ihrer Wunschbranche können Sie suchen lassen. Benutzen Sie möglichst gängige Schlüsselbegriffe, die mit hoher Wahrscheinlichkeit in einer für Sie interessanten Stellenanzeige verwendet werden.

Vergessen Sie nicht, auch Synonyme und Wörter aus dem gesamten Bedeutungsumfeld in Ihre Suche einzubeziehen. Selbst wenn Sie genau wissen, was Sie wollen, gibt es für die meisten Tätigkeiten oder Branchen noch weitere Bezeichnungen.

Begriffe aus dem Bedeutungsumfeld
Sie wollen wieder als Bilanzbuchhalter in einem Unternehmen arbeiten. Suchen Sie nicht nur nach »Bilanzbuchhalter«, sondern geben Sie auch folgende Schlagwörter ein:

- Debitoren und Kreditoren
- Fachkraft Bilanzbuchhaltung
- Buchhalter, Buchhaltung
- Finanzbuchhalter, Finanzbuchhaltung
- Bilanzwesen

Achtung: Online veröffentlichte Stellenanzeigen sind möglicherweise veraltet.

Aktualität prüfen

Verlassen Sie sich nicht auf das Datum einer Stellenanzeige im Internet. Denn oft bezeichnet es nicht den Tag der Erstveröffentlichung (zum Beispiel in gedruckter Form in einer Zeitung), sondern den Tag der Erfassung in dieser Onlinestellenbörse. Zwischen der Erstveröffentlichung und der Erfassung liegen mitunter einige Tage. Diese aber können für die Frage entscheidend sein, ob Ihre Bewerbung noch rechtzeitig beim suchenden Unternehmen eintrifft oder nicht.

Telefonische Nachfrage empfehlenswert

Bei Stellenanzeigen im Internet gilt daher die dringende Empfehlung: Fragen Sie telefonisch nach, ob die Anzeigen noch aktuell sind. Am besten rufen Sie bei dem in der Stellenanzeige genannten Ansprechpartner oder in der Personalabteilung des Unternehmens an und erkundigen Sie sich, ob sich eine Bewerbung noch lohnt. Sollte das nicht der Fall sein, dann sparen Sie wenigstens die Zeit und das Geld, die Sie für eine gute Bewerbung aufwenden müssten.

Nicht immer lohnt die Eingabe des eigenen Bewerberprofils.

Bewerberprofil eingeben

Auf StepStone, Monster und vielen anderen Onlinestellenbörsen haben Sie zusätzlich die Möglichkeit, Ihr Bewerberprofil einzugeben, in der Regel kostenlos. Stattdessen müssen Arbeitgeber und Personalberater, die auf Bewerberdaten zugreifen wollen, für den Zugang zahlen.
Ein Bewerberprofil anzulegen, ist zwar nicht schwierig, mitunter aber recht zeitaufwendig. Sie füllen ein Formular mit Fragen zu Ihrer Person, zu Ihren Qualifikationen und zu Ihrer beruflichen Erfahrung aus. Dann laden Sie Ihren Lebenslauf auf den Server des Anbieters hoch. Die Eingaben sollten vollständig, ansprechend und korrekt sein – schließlich ist ein solches Bewerberprofil für potenzielle Arbeitgeber bestimmt. Vermeiden Sie also Nachlässigkeiten wie Rechtschreib- und Grammatikfehler, die Sie als Bewerber sofort disqualifizieren würden.
Allerdings werden die Chancen, auf diese Weise als Bewerber von einem attraktiven Arbeitgeber entdeckt zu werden, überschätzt. Angeblich – so lautet das Versprechen der meisten Anbieter – greift eine Vielzahl von Personalverantwortlichen auf die Bewerberdaten zu. Doch tatsächlich scheuen die meisten den finanziellen und zeitlichen Aufwand, sich regelmäßig durch die unzähligen Bewerberprofile zu klicken.

Die zusätzliche Chance, über ein solches Bewerberprofil den gewünschten Arbeitsplatz zu finden, sollten Sie jedoch in jedem Fall nutzen. Rechnen Sie aber nicht mit einer schnellen Reaktion. Es kann einige Zeit dauern, bis ein Personalvermittler oder ein potenzieller Arbeitgeber mit einem Angebot auf Sie zukommt.
Vorsichtig sollten Sie mit der Eingabe Ihres Profils sein, wenn Sie einen festen Arbeitsplatz haben, sich aber verändern wollen. Es besteht die Gefahr, dass Ihr aktueller Arbeitgeber Sie unter den Bewerbern entdeckt und die entsprechenden Rückschlüsse zieht.

Je gefragter Ihre Qualifikationen am Arbeitsmarkt, desto größer die Chance, entdeckt zu werden

Realistische Chancen, dass Ihr Bewerberprofil von einem interessanten Arbeitgeber entdeckt wird, haben Sie vor allem dann, wenn Sie sehr gefragte Qualifikationen zu bieten haben, zum Beispiel wenn Sie

- einen gefragten Fachabschluss haben,
- Berufserfahrung in einem gesuchten Bereich haben,
- auf einen ganz bestimmten, am Arbeitsmarkt sehr gefragten Bereich spezialisiert sind.

Lassen Sie Ihr Bewerberprofil nicht für längere Zeit unbearbeitet.

Profil regelmäßig aktualisieren

Aktualisieren Sie Ihre Angaben im Bewerberprofil regelmäßig. Denn interessierte Arbeitgeber können auf solchen Portalen sehen, wann Sie die letzte Änderung vorgenommen haben. Liegt diese schon länger zurück, werden Ihre Bewerberdaten womöglich als Karteileiche behandelt und nicht weiter berücksichtigt.

Stellenangebote in Presse und Fachmedien

Die Anzeigenteile der unterschiedlichen Presseerzeugnisse sind nur noch eine Möglichkeit von vielen, freie Stellen auszuschreiben. Machen Sie sich die Lektüre des Zeitungsstellenmarkts dennoch zur Pflicht, wenn Sie auf Jobsuche sind. So können Sie sich einen Überblick über den Arbeitsmarkt verschaffen.
Auch wenn Ihnen dieser Weg viel Geduld abverlangt – mit einer ansprechenden und gut formulierten Bewerbung können Sie hier durchaus erfolgreich sein.

Samstags ist der Stellenmarkt erfahrungsgemäß am größten.

Stellenangebote in Tages- und Wochenzeitungen

Üblicherweise erscheint in den unterschiedlichen regionalen und überregionalen Tageszeitungen samstags ein Stellenmarkt, in dem Angebote veröffentlicht werden. Beschränken Sie Ihre Lektüre nicht auf eine einzige regionale oder überregionale Zeitung, sondern durchforsten Sie systematisch mehrere Zeitungen. Legen Sie Ihren Schwer-

punkt aber auf die Region, in der Sie Ihre Stelle finden möchten.
Beziehen Sie auch die Zeitungen der Nachbarregionen mit ein. Nur so können Sie sichergehen, dass Ihnen kein interessantes Stellenangebot entgeht. Zeitungen, die Sie nicht am Kiosk erhalten, sollten Sie abonnieren. Das Geld ist gut investiert, weil Sie dann immer die aktuellen Stellenanzeigen auf den Tisch bekommen und sich umgehend bewerben können.

Samstagsabonnement abschließen

Bei einem Samstagsabonnement bekommen und bezahlen Sie nur die Samstagsausgabe, die in der Regel den größten Stellenmarkt enthält. Auch wenn die wenigsten Zeitungsverlage Werbung für diese Bezugsform machen, bieten die meisten sie an. Zwar wird die gewünschte Zeitung nicht immer samstags durch den Zusteller gebracht. Spätestens am darauffolgenden Montag aber erhalten Sie sie mit der Post. Auf diese Weise können Sie Stellenanzeigen aus den Regionen verfolgen, die Sie wirklich interessieren. Wenn Sie in der Regionalpresse eine passende Stelle finden, werden Sie mit Sicherheit weniger Mitbewerber haben als bei Stellenangeboten, die in einer überregionalen Zeitung erschienen sind. Es ist auch kein Problem, das Samstagsabonnement wieder zu kündigen, sobald Sie es nicht mehr brauchen. Die Kündigungsfrist beträgt meist einen Monat, ausnahmsweise auch einmal ein Quartal. Fragen Sie vor Abschluss des Abonnenments aber sicherheitshalber nach den Kosten.

Onlinestellenbörsen der Tageszeitungen

Zeitungen veröffentlichen Stellenangebote oft auch online.

Vergessen Sie nicht, zusätzlich im Internet die Onlinestellenbörsen der Tageszeitungen zu durchstöbern. Denn auch hier werden Stellenangebote veröffentlicht – oft auch in Zusammenarbeit mit Onlinestellenbörsen.

Die Onlinestellenbörsen der Tageszeitungen sind in der Regel auch für Nichtabonnenten frei zugänglich. Wenn Sie die Internetseite einer Zeitung besuchen, finden Sie den Stellenmarkt in einer Rubrik gleichen Namens oder unter Titeln wie »Jobbörse« oder »Stellenangebote«. Manchmal verbergen sich die Stellenausschreibungen im Internet hinter Wörtern wie

- Service,
- Anzeigen,
- Marktplatz.

Die Onlinestellenbörsen der großen deutschen Zeitungen:

- Frankfurter Allgemeine: **www.fazjob.net**
- Süddeutsche Zeitung: **www.stellenmarkt.sueddeutsche.de**
- Handelsblatt: **karriere.handelsblatt.com**
- Die Zeit: **jobs.zeit.de**
- Münchner Merkur: **jobs.merkur-online.de**
- Hamburger Abendblatt: **www.abendblatt.de/jobs**

Unter **www.die-zeitungen.de** finden Sie eine Suchmaschine, die Onlinestellenmärkte von knapp 50 Zeitungen durchsucht. Klicken Sie auf die Rubrik »Stellenmärkte der Zeitungen«.

Nicht alle Stellenanzeigen gehen online

Stellenanzeigen auf den Onlineportalen der Zeitungen sind meist nicht deckungsgleich mit denen, die in der gedruckten Ausgabe erscheinen. Ein Arbeitgeber, der ein Stellenangebot schaltet, kann entweder die Printversion oder die Onlineversion buchen oder beides in Kombination. Verlassen Sie sich lieber nicht darauf, im Onlinestellenmarkt alle Stellenangebote zu finden, die für Sie interessant sein könnten. Es empfiehlt sich, zusätzlich die gedruckte Ausgabe zu beziehen.

Eine gute Fundstelle für Ihre Jobsuche als Fachkraft sind Fachmedien.

Stellenangebote in Fachmedien

Haben Sie eine Fachausbildung, ist Ihr Berufsbild klar umrissen und sind Sie im Laufe Ihres Berufslebens diesem Fach treu geblieben? Dann lohnt sich in erster Linie ein Blick in die Fachmedien, die über alle wichtigen Themen berichten, die mit diesem Fach zu tun haben. In den Fachmedien sind häufig auch Stellenausschreibungen zu finden. Dabei ist die Wahrscheinlichkeit, etwas Passendes zu finden, viel größer als in Zeitungen, die sich an eine breite Öffentlichkeit und nicht nur an ein Fachpublikum richten.

Fachmedien für verschiedene Berufsgruppen

- Fachkräfte im Bereich Dentaltechnik finden zum Beispiel Stellenangebote in der Zeitschrift »Das Dentallabor«.
- Fachkräfte in der Konsumgüterbranche werden in der »Lebensmittel Zeitung« fündig.
- Sind Sie in der Gastronomie tätig, können Sie beispielsweise die Stellenanzeigen in der »Allgemeinen Hotel- und Gastronomie-Zeitung« durchsuchen.

Viele dieser Fachmedien unterhalten auch Onlineportale und veröffentlichen dort Stellenangebote. Eine ausgiebige Recherche im Internet nach den für Ihren Fachbereich einschlägigen Medien lohnt sich in jedem Fall.

Konkurrenz ist bei diesen Stellen groß.

Allerdings ist die Konkurrenz in der Regel groß: Stellenangebote, die in Fachmedien veröffentlicht werden, lesen auch viele Ihrer Fachkolleginnen und -kollegen. Entsprechend hoch fällt die Zahl der Bewerbungen auf jede einzelne der ausgeschriebenen Stellen aus.

Achten Sie hier besonders darauf, dass Ihr Profil mit den Anforderungen des Arbeitgebers übereinstimmt. Zusatzqualifikationen, die Sie in Ihrer Bewerbung hervorheben können, grenzen Sie von der Masse an Mitbewerbern ab. So steigen Ihre Erfolgschancen.

Stellenanzeigen richtig lesen

Nur auf Stellen bewerben, die auch infrage kommen.

Sicher kennen Sie die Berichte von Bewerbern, die sich auf Hunderte von Stellenanzeigen beworben und nur Absagen erhalten haben. Welche Gründe auch immer dafür verantwortlich waren, das sollte Ihnen nicht passieren. Bewerben Sie sich gezielt nur für die Positionen, die tatsächlich für Sie infrage kommen. Vor allem sollten Sie Stellenanzeigen genau lesen und analysieren. Nur so können Sie treffsicher diejenigen Stellenanzeigen identifizieren, auf die sich eine Bewerbung für Sie lohnt.

Analyse einer Stellenanzeige

Entdecken Sie die Struktur der Stellenanzeige.

Stellenanzeigen haben eine typische Struktur. In den meisten Fällen trifft der potenzielle Arbeitgeber erst einmal eine kurze Aussage über das Unternehmen und seine Produkte. Dann beschreibt er die Position und die damit verbundenen Aufgaben. Schließlich geht er darauf ein, welche Qualifikation sein idealer Mitarbeiter haben sollte. Häufig folgen allgemeine Angaben zu Weiterbildungsmöglichkeiten und Bezahlung.

Checkliste Stellenanzeige

Gehen Sie jede Stellenanzeige mithilfe folgender Checkliste durch. Prüfen Sie, zu welchem der Schwerpunkte das Unternehmen in seiner Stellenanzeige Angaben macht und ob Ihr Qualifikationsprofil damit übereinstimmt.

- **Firmenphilosophie.** Beispiel: »Wir lieben Kunden.« Das heißt: Dieses Unternehmen sucht Mitarbeiter, die besonders kundenfreundlich und serviceorientiert sind.
- **Produkte, Dienstleistungen.** Beispiel: »Wir entwickeln für unsere Kunden innovative und individuelle EDV-Lösungen.« Das heißt: Mit dieser Dienstleistung des Unternehmens sollten Sie sich identifizieren können.

- **Arbeitsumfeld.** Beispiel: »Sie arbeiten in einem leistungsorientierten und hoch motivierten Team.« Das heißt: Der Arbeitgeber erwartet von Ihnen vollen Einsatz und hohe Leistungsbereitschaft.
- **Position.** Beispiel: »Sie arbeiten als Teamleiter.« Das heißt: Die Position setzt Führungserfahrung voraus.
- **Aufgaben.** Beispiel: »Sie stellen alle anfallenden organisatorischen und administrativen Tätigkeiten im Sekretariat sicher.« Das heißt: Eine Ihrer beruflichen Stärken muss im Bereich Organisation liegen.
- **Ausbildung.** Beispiel: »Mediengestalter/-in Digital und Print oder mehrjährige einschlägige Erfahrung.« Das heißt: Sie haben eine Ausbildung als Mediengestalter/-in oder nachweislich entsprechende Kenntnisse und Erfahrungen.
- **Qualifikation.** Beispiel: »Die anspruchsvolle Korrespondenz in deutscher, englischer und französischer Sprache erledigen Sie mühelos und mit Gespür für unsere exklusive Klientel.« Das heißt: Sie beherrschen alle drei genannten Sprachen sicher in Wort und Schrift und können sich gekonnt auszudrücken.
- **Zusatzqualifikation.** Beispiel: »Erfahrungen im Event-Management sind wünschenswert.« Das heißt: Es wäre schön, wenn Sie schon einmal Veranstaltungen organisiert hätten. Eine zwingende Voraussetzung ist dies aber nicht.
- **Soft Skills.** Beispiel: »Sie führen Ihre Aufgaben professionell, zuverlässig und verantwortungsbewusst aus.« Das heißt: Sie identifizieren sich mit Ihren Aufgaben und sind in Ihrem Beruf bereits erfahren. Sie sind bereit und fähig, selbstständig zu arbeiten.
- **Entwicklungsmöglichkeiten.** Beispiel: »Wir bieten Ihnen die Möglichkeit zur Weiterbildung in einem sich ständig verändernden Umfeld.« Das heißt: Sie müssen flexibel sein und die Bereitschaft mitbringen, sich permanent weiterzubilden.
- **Kontaktaufnahme.** Beispiele: »Bitte senden Sie Ihre ausführlichen Bewerbungsunterlagen an ...«,

»Bitte senden Sie Ihre vollständigen Unterlagen an ...«. Wenn ein Arbeitgeber diese Angaben in einer Onlinestellenanzeige macht, erwartet er Ihre ausführlichen Bewerbungsunterlagen per E-Mail. Im Falle eines Print-Stellenangebotes richten Sie sich danach, was in der Anzeige steht. In der Regel werden auch hier »ausführliche oder aussagekräftige Bewerbungsunterlagen« verlangt. Ist eine E-Mail-Adresse angegeben, können Sie sich ebenfalls elektronisch bewerben. Wenn nicht, senden Sie eine klassische Bewerbungsmappe mit Anschreiben, Lebenslauf und Zeugnissen per Post. Oder Sie rufen vorher in der Personalabteilung an und fragen, welche Form der Bewerbung bevorzugt wird.

Signalisieren Sie schon im Bewerbungsschreiben Ihre Bereitschaft zur Weiterbildung.

Wenn der Arbeitgeber in seiner Stellenanzeige bestimmte Ausbildungen, Erfahrungen oder Qualifikationen fordert, müssen Sie diese auch nachweisen können, damit Ihre Bewerbung Aussicht auf Erfolg hat. Nennt die Stellenanzeige einzelne Kann-Qualifikationen (zum Beispiel: »wünschenswert sind Grundkenntnisse in der italienischen Sprache«), über die Sie nicht verfügen, ist dies ein weniger großes Problem. Bewerben Sie sich trotzdem und signalisieren Sie schon in Ihrer schriftlichen Bewerbung, dass Sie gern bereit sind, sich die erforderlichen Kenntnisse anzueignen.

Versteckte Altersangaben herauslesen

Stellenangebote für junge Bewerber kommen für Best Ager selten infrage.

Achten Sie beim Lesen von Stellenanzeigen, egal ob in Onlinestellenbörsen oder Printmedien, stets auf Hinweise zum Alter des gewünschten Bewerbers. Das Allgemeine Gleichbehandlungsgesetz (AGG) verbietet es Arbeitgebern zwar, Bewerber aufgrund ihres Alters zu benachteiligen. Trotzdem sind in vielen Stellenanzeigen versteckte Hinweise enthalten, die zeigen, dass der Arbeitgeber jüngere Mitarbeiter sucht. Bestimmte Formulierungen in Stellenanzeigen weisen darauf hin, wann Sie als 45+-Bewerber eher geringe Chancen haben werden:

- »Wir suchen für unser junges und innovatives Team ...«
- »Juniorassistent/-in gesucht ...«
- »Dynamisches Umfeld«
- »Karrierestufe: Berufsanfänger/-in«
- »Wir suchen einen Potenzialträger ...«

Achten Sie auch darauf, ob die gesamte Stellenanzeige in der Du- und nicht in der Sie-Ansprache formuliert ist. Dies ist ebenfalls ein Hinweis darauf, dass der Arbeitgeber eher einen jüngeren Mitarbeiter sucht.

Verzichten Sie auf aussichtslose Bewerbungen, die nur Zeit kosten und enttäuschen.

Wenn Sie diese oder ähnliche Formulierungen in einem Stellenangebot entdecken, lohnt sich für Sie eine Bewerbung nur dann, wenn es sich tatsächlich um Ihren Traumjob handelt und Ihre Qualifikation, Ihr Können und Ihre Erfahrung perfekt zu den vom Arbeitgeber gesuchten Anforderungen passen. Nur mit einer solchen idealen Konstellation können Sie dann unter Umständen dennoch punkten. In allen anderen Fällen konzentrieren Sie sich besser auf Stellenangebote, die Sie nicht bereits aufgrund Ihres Alters ausschließen. So ersparen Sie sich eine Menge Arbeit und vor allem auch Enttäuschungen.

Suchen Sie in Stellenanzeigen nach Jobmerkmalen, die für Best Ager sprechen.

Umgekehrt gibt es Stellenanzeigen, denen Sie sehr schnell entnehmen können, dass der gesuchte Mitarbeiter nicht mehr ganz so jung sein muss oder soll. Beispielhafte Formulierungen sind:

- »Seniorberater (m/w) gesucht«
- »Mehr als fünf Jahre Berufserfahrung«
- »Mit langjähriger Erfahrung«
- »Souveränität und Kompetenz«
- »Gern auch ältere/-r Bewerber/-in«
- »Wir sind sowohl für Berufsanfänger/-innen als auch für ältere Bewerber/-innen offen.«

Hier sind Ihre Aussichten, die ausgeschriebene Stelle tatsächlich zu bekommen, deutlich besser, vorausgesetzt natürlich, Ihre Qualifikationen passen auf das Jobprofil.

Praxisbeispiel: Analyse einer Stellenanzeige

Das folgende Analysebeispiel einer Stellenanzeige zeigt, worauf es beim Lesen ankommt. Es geht darum, aus den Angaben in der Anzeige herauszufiltern, welche konkreten Erwartungen das Unternehmen an den künftigen Stelleninhaber hat, und die damit verbundenen zentralen Anforderungen und Schlüsselbegriffe zu identifizieren. Diese sollten dann in der Bewerbung aufgegriffen und mit den persönlichen Qualifikationen verknüpft werden. Eine gründliche Analyse der Stellenanzeige verhindert, dass Bewerber an den Anforderungen des Stellenanbieters vorbeischreiben.

Beispiel: Onlinestellenanzeige

Empfangsmitarbeiter (m/w) in Vollzeit

Ihre Aufgaben

- Check-in und Check-out der Gäste
- Gästebetreuung
- Annahme und Bearbeitung von Reservierungen
- Verwaltung der Hotelkasse
- Koordination von Telefongesprächen
- Allgemeine Korrespondenz

Ihre Fähigkeiten

- Berufserfahrung im Bereich Frontoffice/Reservierung
- PC-Kenntnisse (Fidelio, Internet, Word, Excel)
- Gute Englischkenntnisse in Wort und Schrift
- Gepflegtes und freundliches Auftreten

Wir bieten

- Ein familiäres, innovatives Hotelunternehmen
- Einen modernen, gestaltbaren Arbeitsplatz
- Förderung durch externe Weiterbildungsmöglichkeiten
- Übertarifliche Bezahlung

Haben wir Ihr Interesse geweckt?
Wir freuen uns auf Ihre vollständigen Bewerbungsunterlagen unter Angabe Ihres frühestmöglichen Eintrittstermins.
Gern auch ältere Bewerber/-in willkommen!

Analyse

1) Zur Firmenphilosophie: Die Angabe »familiär, innovativ« signalisiert, dass das Unternehmen seinen Gästen im Gegensatz zu Hotelketten eine persönliche Atmosphäre bieten will, ohne auf modernen Service zu verzichten. Das soll der Mitarbeiter am Empfang widerspiegeln: kompetente Betreuung der (auch jüngeren) Gäste, unter anderem durch unterstützende Internetrecherche, zum Beispiel von Bahnfahrplänen, Restaurants oder Einkaufsmöglichkeiten.
2) Zur Dienstleistung: Die Gästebetreuung steht an erster Stelle. Der Umgang mit Menschen soll dem neuen Mitarbeiter Freude bereiten. Eine ausgeprägte Serviceorientierung muss für ihn selbstverständlich sein.
3) Zum Arbeitsumfeld: Die Beschreibung »familiär« deutet daraufhin, dass es sich um ein Familienunternehmen handelt und die Hierarchien flach sind. Das heißt: Es gibt – wenn überhaupt – maximal einen Vorgesetzten für den Mitarbeiter, der zwischen ihm und der Geschäftsleitung steht.
4) Zur Position: Der oder die Angestellte arbeitet als Empfangsmitarbeiter/-in ohne Führungsfunktion.
5) Zu den Aufgaben: Er muss in der Lage sein, alle Aufgaben, die an einer Hotelrezeption anfallen, zu bewältigen. Das heißt: Er sollte sowohl über sehr gute soziale als auch organisatorische Kompetenzen verfügen.
6) Zur Ausbildung: Es ist keine spezielle Ausbildung erforderlich, dafür aber Berufserfahrung im Bereich Frontoffice/Reservierung. Wer generell Erfahrung im direkten Kundenverkehr, Service oder Sekretariat hat, wird aber als Bewerber sicher auch Chancen haben.

7) Zu den Qualifikationen: Gefordert sind PC-Kenntnisse in den angegebenen Bereichen und gute Englischkenntnisse. Der Stelleninhaber muss mit den Hotelgästen in englischer Sprache sowohl kommunizieren als auch korrespondieren können.
8) Zu den Soft Skills: Der Hotelbetreiber wünscht sich einen freundlichen Mitarbeiter beziehungsweise eine freundliche Mitarbeiterin. Der Betreffende sollte gern mit Menschen umgehen, Freude daran haben, für andere Dienstleister zu sein, und diese positive Einstellung auf die Hotelgäste übertragen.
Mit dem Begriff »gepflegtes Erscheinungsbild« fordert er eine Persönlichkeit, die auf ihr Äußeres Wert legt und mit einem geschmackvollen Outfit punktet. Denn der Mitarbeiter am Empfang ist der erste Eindruck, den ein Gast vom Hotel gewinnt. Er muss das Hotel angemessen repräsentieren können.
9) Zu den Entwicklungsmöglichkeiten: Der Arbeitgeber bietet dem Mitarbeiter an, bestimmte Qualifikationen, die er für den Arbeitsplatz braucht, durch externe Schulungen zu erwerben. Bewerber sollten bereit sein, diese Weiterbildungsangebote anzunehmen und sich engagiert fortzubilden.
10) Zur Kontaktaufnahme: Die Forderung »aussagekräftige Bewerbung« im Rahmen einer Onlinestellenanzeige bedeutet, dass der Arbeitgeber eine komplette Bewerbung per E-Mail mit Anschreiben, Businessfoto, Lebenslauf, Zeugnissen und eventuellen Referenzen erwartet.

Persönliche Netzwerke

Gute Kontakte führen Sie am schnellsten zu Ihrem gewünschten Arbeitsplatz.

Der Königsweg für die Jobsuche führt nicht nur für Best Ager über Kontakte und Netzwerke. Das betonen Personalberater und Personalverantwortliche immer wieder. Viele Stellen werden gar nicht ausgeschrieben, sondern auf diesem Weg vergeben. Grundsätzlich hat jemand, der empfohlen wird, bessere Chancen als jemand, der sich in der Masse der vielen anderen Bewerber bewegt. Auch eventuelle Vorbehalte von Personalverantwortlichen gegenüber älteren Bewerbern spielen eine geringere Rolle, wenn die Vorzüge eines Bewerbers von einer Referenzperson beschrieben wurden.

Die meisten offenen Stellen erscheinen erst gar nicht auf dem Stellenmarkt.

Ilona Mirtschin, stellvertretende Leiterin Presse und Marketing bei der Bundesagentur für Arbeit, bestätigt: »Mehr als zwei Drittel der offenen Stellen werden nicht durch Schaltung von Annoncen oder mithilfe von Agenturen vergeben, sondern über Empfehlungen besetzt.« Das heißt, Führungskräfte und Personalverantwortliche rekrutieren neue Mitarbeiter häufig direkt über ihre Netzwerke oder erhalten Hinweise und Empfehlungen von Geschäftspartnern, Kunden oder Mitarbeitern des Unternehmens.

Oft bietet sich durch Netzwerke überraschend schnell ein passendes Einsatzgebiet.

Netzwerke bieten Ihnen wichtige Vorteile bei der Stellensuche:

- Sie erfahren frühzeitig von offenen Stellen. Wenn sich viele Leute für Sie umhören, bekommen Sie ein Stellenangebot vielleicht sogar bereits, bevor es offiziell ausgeschrieben wird.
- Sie haben als Bewerber einen Fürsprecher, der Sie beim betreffenden Arbeitgeber ins Gespräch bringt oder Ihnen eine Referenz für Ihre Bewerbung gibt. Zumindest aber können Sie den Namen der jeweiligen Person im Anschreiben oder bei einem Vorabtelefonat erwähnen. Gemeinsame Bekannte sind gute Türöffner bei der Kontaktaufnahme zu potenziellen neuen Arbeitgebern.

Die richtige Einstellung zum Netzwerken finden

Manche 45+-Bewerber haben Probleme beim Netzwerken. Denn früher wurde derjenige, der seine Beziehungen auch unter beruflichen Gesichtspunkten betrachtete, oft schief angeschaut. Beziehungen zu nutzen, um sich dadurch berufliche Vorteile zu verschaffen, hatte fast etwas Anrüchiges. Heute gilt: Wer nicht netzwerkt, lässt eine wichtige Ressource ungenutzt, die ihm für sein berufliches Fortkommen zur Verfügung steht. Das wird inzwischen eher

Das Netzwerken zu Karrierezwecken ist heute beruflich und sozial akzeptiert und erwünscht.

als Makel und als Fehlen einer wichtigen sozialen Kompetenz betrachtet.
Überprüfen Sie als Best Ager Ihre Einstellung zum aktiven Netzwerken und schätzen Sie diese Möglichkeit nicht gering. Auf keinem anderen Weg können Sie so effektiv auf sich aufmerksam machen. Wenn sich auf eine Stelle 500 Leute bewerben und Sie in dem entscheidenden Netzwerk bekannt sind, dann haben Sie ein Gesicht und damit weitaus bessere Chancen, den Job zu bekommen, als die große anonyme Bewerbergruppe.
Aktive Netzwerker sind heute in drei bis vier verschiedenen Netzwerken unterwegs. Ihnen stehen Online-Karrierenetzwerke zur Verfügung, die auf den kommenden Seiten beschrieben werden, aber sie haben auch die Möglichkeit, sich in Netzwerke einzuklinken, die speziell für ihre Jobwünsche geeignet sind.

Nicht virtuelle Karrierenetzwerke
- Klassentreffen Ihrer (Berufs-)Schulklasse
- Kommilitonentreffen Ihrer Universität oder Fachhochschule
- Stammtische von Ausbildungskollegen
- Kontakte aus Weiterbildungsveranstaltungen
- Berufsspezifische Veranstaltungen Ihrer Industrie- und Handelskammer oder Ihrer Berufskammer
- Kollegentreffen aus Unternehmen, in denen Sie früher tätig waren
- Netzwerke zu bestimmten fachspezifischen Themen

Oft versprechen auch Netzwerke Erfolg, die erst einmal gar nichts mit Ihrem Beruf zu tun haben. Grundsätzlich können alle Kontakte, die Sie in Ihrer Freizeit pflegen, Ihnen den Weg zu Ihrem Wunschjob ebnen.

Private Netzwerke
- Hobby-Stammtisch
- Sport- und andere Vereine
- Parteipolitisches Engagement
- Bekannte
- Freunde
- Nachbarn

Ob Sie beim Netzwerken erfolgreich sind, hängt von Ihrem Engagement ab. Nur wer sich aktiv einbringt, wird mittelfristig auch die Früchte seines Einsatzes ernten. Idealerweise haben Sie bereits Netzwerke, die seit Jahren bestehen und in denen Sie fest etabliert sind. Wer früh genug Kontakte gepflegt hat, wird schneller Hilfe finden, wenn er sie nötig hat, nach dem Motto: Man muss sich Freunde machen, wenn man sie nicht braucht, damit man sie hat, wenn man sie braucht.

Wer genau weiß, was er will, findet die richtigen Kontaktpersonen schneller.

Gezielt netzwerken

Je genauer Sie wissen, was Sie im Hinblick auf Ihre Jobsuche erreichen wollen, desto gezielter und erfolgversprechender können Sie Kontakte suchen. Es lohnt sich also auch hier, sich ausführlich Gedanken zu machen.

Machen Sie sich Ihre Ziele bewusst.

Das Wollen

Bestimmen Sie Ihre persönlichen Präferenzen und Ziele. Erinnern Sie sich an Ihren persönlichen Erfolgssatz, in dem Sie Ihr berufliches Ziel bereits formuliert haben. Er hilft Ihnen auch dabei, die richtigen Kontakte zu knüpfen.

Zielsetzung für die Stellensuche
»Ich will zum 1. Januar eine verantwortungsvolle Position im Bereich Kundenservice in einem soliden und erfolgreichen Unternehmen in der näheren Umgebung übernehmen. Ich will monatlich 4300 Euro brutto verdienen.«

Stecken Sie klar Ihre Kompetenzen ab.

Das Können

Ihren Netzwerkkontakten sollten Sie nicht nur mitteilen, was Sie sich für Ihre berufliche Zukunft vorstellen, Sie sollten ihnen auch vermitteln, welche Kompetenzen Sie haben.
Beim Lesen des Kapitels »Berufliche Planung« konnten Sie sich schon ausführlich Gedanken zu Ihren fachlichen und sozialen Kompetenzen machen. Fassen Sie Ihre wichtigsten Kompetenzen in selbstbewussten Aussagen

zusammen. So können Sie sich im direkten Kontakt gezielter und besser verkaufen.

Vermittlung der persönlichen Kompetenzen
»Ich habe 23 Jahre Berufserfahrung und konnte mir ein umfangreiches Fachwissen im Bereich Kundenservice angeeignet. Ich arbeite zielorientiert, effizient und kundenorientiert. Im Laufe meines Berufslebens habe ich viele Ideen eingebracht, die auch erfolgreich umgesetzt wurden. In einem altersmäßig gemischten Team fühle ich mich sehr wohl.«

Die Voraussetzungen

Definieren Sie, was Sie für Ihre Suche benötigen.

Nachdem Sie sich klargemacht haben, was Sie wollen und was Sie können, fehlt nur noch die Überlegung, was genau Sie brauchen, um zu Ihrem Ziel – der gewünschten Stelle – zu gelangen.

Definition der notwendigen Voraussetzungen
»Ich benötige eine Liste der Unternehmen mit mehr als 50 Mitarbeitern, die eine eigene Abteilung für Kundenservice haben. Ich brauche Informationen, auf welchen Veranstaltungen diese Unternehmen in den nächsten Monaten vertreten sind, und ich brauche Kontakte zu Mitarbeitern, Kunden, Führungskräften oder Personalverantwortlichen aus diesen Unternehmen.«

Andere an der Stellensuche beteiligen

Aktives Netzwerken ist ein Muss auch für Best Ager.

Als Best Ager mit zwei, drei oder mehr Jahrzehnten Berufserfahrung hatten Sie im Laufe Ihres Berufslebens jede Menge Gelegenheit, Kontakte zu knüpfen. Nutzen Sie diese persönlichen Netzwerke unbedingt bei Ihrer Arbeitssuche.
Welche der Menschen, denen Sie in dieser Zeit begegnet sind, könnten Ihnen jetzt bei der Jobsuche nützlich und behilflich sein? Denken Sie dabei nicht nur an die Personen, mit denen Sie heute noch eine Freundschaft oder Bekanntschaft verbindet. Beziehen Sie auch die ehemaligen Kollegen, Vorgesetzten, Kunden und Geschäftspartner

ein, zu denen Sie derzeit keinen Kontakt mehr haben. Jeder von ihnen ist ein potenzieller Arbeitsvermittler für Sie. Denn diese Menschen kennen Ihre Persönlichkeit, Ihre Leistungsbereitschaft und Arbeitsweise und können Sie weiterempfehlen.

Kontakte aktivieren

Schauen Sie in Ihr Adressbuch und in Ihre alten, meist ungenutzten Visitenkartenboxen oder -bücher. Sie haben vermutlich viel mehr Kontakte, als Sie glauben. Betrachten Sie jeden einzelnen Namen und fragen Sie sich:

- Kann dieser Mensch mir auf dem Weg zu meinem Ziel weiterhelfen?
- Kennt er vielleicht jemanden, der mich unterstützen könnte?
- Wie kann ich am besten mit dieser Person Kontakt aufnehmen?
- Was kann ich tun, um sie für mich zu gewinnen?

Freundes- und Bekanntenkreis nicht vergessen

Bitten Sie auch Freunde und Bekannte, die nichts mit Ihrem Beruf oder Ihrer Branche zu tun haben, sich gezielt für Sie umzuhören. Je mehr Menschen wissen, dass Sie auf Stellensuche sind und wonach Sie suchen, desto eher werden Ihnen Informationen zugetragen.

Nicht virtuelle Karrierenetzwerke einbeziehen

Karriereclubs, Berufsnetzwerke, Branchenstammtische etc.

Sind Sie Mitglied in einem regionalen oder überregionalen nicht virtuellen Karrierenetzwerk? Im Abschnitt »Die richtige Einstellung zum Netzwerken finden« ist eine Reihe von Beispielen für solche Karrierenetzwerke genannt. Vielerorts haben sich Interessengemeinschaften berufstätiger Menschen in Karriereclubs, Berufsnetzwerken, Branchenstammtischen etc. zusammengeschlossen. Darunter sind zum Beispiel auch viele Frauennetzwerke, die sich speziell um die Belange berufstätiger Frauen kümmern.

Stellensuche per Mundpropaganda und über den Verteiler des jeweiligen Netzwerks

Nutzen Sie diese Kontakte zur Stellensuche. Entweder Sie verbreiten per Mundpropaganda, wonach Sie suchen, oder Sie versenden Ihren Stellenwunsch per E-Mail über den Verteiler der entsprechenden Organisation oder nehmen mit einer anderen regionalen Schwesterorganisation Kontakt auf.

Stellensuche über ein Karrierenetzwerk
Leonie F. ist seit 15 Jahren als Sekretärin bei einem kleinen mittelständischen Elektronikhersteller tätig. Jetzt will sie von ihrem bisherigen Standort Dortmund zu ihrer Tochter und ihrem Enkelkind ziehen und sucht deshalb eine feste Anstellung im Raum Frankfurt.
Als Mitglied des bSb, des Bundesverbandes Sekretariat und Büromanagement, knüpft sie über Empfehlungen ihrer Dortmunder Kolleginnen Kontakte zur Regionalgruppe in Frankfurt. Sie nimmt in Frankfurt an einem Regionalgruppentreffen teil und bittet die Mitglieder, ihr bei der Stellensuche behilflich zu sein. Diese leiten ihr Kurzprofil und die Angaben an ihre Personalabteilungen weiter. Wenige Tage später erhält sie die Rückmeldung einer Frankfurter Kollegin, bei deren Arbeitgeber zufällig eine passende Sekretariatsstelle offen war. Auf die Empfehlung der Kollegin hin stellt sie sich bei dem betreffenden Unternehmen vor und wird eingestellt, ohne dass die Stelle jemals ausgeschrieben war.

Regeln für erfolgreiches Netzwerken

Merken Sie sich als Faustformel für Ihr persönliches Netzwerk: Pro Woche sollten Sie mindestens einen neuen Kontakt herstellen und einen bestehenden pflegen. Statistisch betrachtet ist jeder zehnte Kontakt potenziell nützlich.

Auch beim Netzwerken müssen Sie sich Erfolge erst verdienen.

Beim Netzwerken gelten ein paar Grundregeln im Umgang mit den Partnern, die Sie unbedingt beachten sollten.

1) Zeigen Sie ehrliches Interesse an Ihren Gesprächspartnern, indem Sie Fragen stellen, sich Persönliches merken und zu beruflichen Erfolgen gratulieren.
2) Überlegen Sie sich, wie Sie anderen nützlich sein können nach dem Motto: Erst geben, dann nehmen. So können Sie davon ausgehen, dass Sie bei Gelegenheit auch Unterstützung erhalten.

Beweisen Sie Höflichkeit und Stil.

3) Bleiben Sie am Ball. Wenn Sie einem Netzwerk beitreten, sollten Sie regelmäßig zu den Treffen gehen. Nur dann können sich Beziehungen festigen und auch beruflichen Erfolg bringen.
4) Zeigen Sie gute Manieren. Geben Sie rechtzeitig Bescheid, wenn Sie einen Termin nicht wahrnehmen können, und sagen Sie früh zu, wenn Sie teilnehmen wollen. Bei größeren Veranstaltungen melden Sie sich beim Gastgeber an, wenn Sie kommen, und ab, wenn Sie gehen. Grüßen Sie alle Netzwerkkollegen, selbst wenn Sie sie noch nicht kennen.
5) Übernehmen Sie ehrenamtliche Aufgaben und bringen Sie sich ins Netzwerkleben ein. So werden Sie wahrgenommen und machen sich einen Namen.
6) Suchen Sie aktiv Kontakt. Warten Sie nicht, bis die anderen auf Sie zukommen, sondern finden und nutzen Sie auch Gelegenheiten, um von sich aus Netzwerkpartner näher kennenzulernen.

Beweisen Sie Geduld. Dann können Sie auch Früchte ernten.

7) Halten Sie durch. Kündigen Sie Ihre Mitgliedschaft nicht gleich wieder, wenn sich in den ersten Wochen noch keine verwertbaren Kontakte ergeben haben. Netzwerkhopper kommen letztendlich nicht ans Ziel.

Tabus beim Netzwerken

1) Den falschen Zeitpunkt wählen: Es gibt Situationen, in denen Sie einen Gesprächspartner mit Ihrem Anliegen nicht behelligen dürfen, weil er zum Beispiel momentan kein offenes Ohr hat oder mit eigenen Problemen beschäftigt ist. Lassen Sie Ihre Intuition sprechen und missachten Sie nicht die persönlichen Grenzen des anderen.

Bleiben Sie maßvoll in Ihren Bitten gegenüber Ihren Netzwerkpartnern.

2) Netzwerkkontakte ausnutzen: Jemanden gleich um einen Gefallen zu bitten, sobald Sie ihn kennengelernt haben, kommt nicht gut an. Genauso unsensibel ist es, die Hilfsbereitschaft anderer zu stark zu strapazieren.
3) Nicht bedanken: Wer Unterstützung als selbstverständlich ansieht, ohne sich erkenntlich zu zeigen,

macht sich bald unbeliebt. Suchen Sie nach einer Möglichkeit, Ihrem Gegenüber einen Gefallen zu tun, wenn er Ihnen weitergeholfen hat. Oft genügt auch eine kleine Geste, ein kleines Präsent oder eine Einladung zum Essen.

4) Netzwerkkollegen nicht wertschätzen: Wer ständig Termine verschiebt, Zusagen nicht einhält oder zu spät kommt, darf sich nicht wundern, wenn er bald keine Kontakte mehr hat.

Hartnäckigkeit beim Netzwerken macht sich bezahlt.

5) Halbherzig netzwerken: Wer nur gelegentlich bei Veranstaltungen erscheint, kaum Interesse zeigt und wieder geht, bevor der informelle Ausklang interessante Gespräche ermöglicht, braucht nicht auf Erfolge zu hoffen.
6) Kontakte verprellen: Das Schlimmste ist, sich bei vermittelten Kontaktpartnern unhöflich zu benehmen. Das zieht die völlige Disqualifizierung im Netzwerk nach sich, sowohl beim Vermittler als auch beim Vermittelten.
7) Angebote wiederholt ablehnen: Wer immer wieder Desinteresse zeigt, für den wird sich bald niemand mehr interessieren.
8) Daten weitergeben: Wer Adressen von Netzwerkmitgliedern weitergibt, ohne die Betreffenden vorher zu fragen, wird voraussichtlich aus dem Netzwerk ausgeschlossen.

Onlinenetzwerke nutzen

Webbasierte Netzwerke gibt es unzählige und ihre Zahl wächst stetig. Die virtuelle Kommunikation über Business-Onlineplattformen ist für erfolgreiche Berufstätige heute ein Muss. Es gibt allgemeine und branchen- oder berufsspezifische, überregionale und auch regionale Onlinenetzwerke. Diese finden Sie über Internetsuchmaschinen, indem Sie Ihre Wunschregion, Branche oder Berufsbezeichnung als Stichwort eingeben.

Xing, LinkedIn, Facebook etc.

Die bekanntesten überregionalen sozialen Netzwerke im Internet sind derzeit XING, LinkedIn, Facebook und Twitter.
XING **(www.xing.com)** und LinkedIn **(www.linkedin.com)** sind Karrierenetzwerke und haben einen eindeutig beruflichen Schwerpunkt. Wer sein Profil dort einträgt, kann seine Kontakte zur Stellensuche nutzen und zudem auf Rückmeldungen von Personalverantwortlichen hoffen. Außerdem gibt es eigene Jobbörsen auf den Seiten und Foren, in denen Sie sich über den fachlichen Austausch profilieren können.
Facebook **(www.facebook.com)** und Twitter **(www.twitter.com)** sind eher privat ausgerichtet. Aber auch viele Unternehmen nutzen diese Plattformen, um sich, ihre Produkte und ihre Unternehmenskultur darzustellen und ihre Aktivitäten einem breiten Publikum in Echtzeit näherzubringen.

Regeln für erfolgreiches Onlinenetzwerken

Wenn Sie einem Onlinenetzwerk beitreten, sollten Sie im Kontakt mit Ihren Netzwerkpartnern den gleichen Regeln folgen, die für nicht virtuelle Netzwerke gelten. Darüber hinaus gilt es zusätzlich zu beachten: Wer dauerhaft beruflich erfolgreich sein will, kommt an einer Mitgliedschaft in mindestens einer Karriereplattform nicht vorbei. Für die meisten jungen Bewerber ist es ganz selbstverständlich, Onlinenetzwerke bei der Suche nach einem Arbeitgeber zu nutzen. Und auch viele Unternehmen haben sowohl reine Karriereplattformen als auch Facebook und Twitter als Möglichkeit entdeckt, um schnell und unkompliziert neue Mitarbeiter zu rekrutieren. Diese Chancen müssen Sie als Best Ager unbedingt nutzen.

Professioneller Onlineauftritt

Nach der Anmeldung in einem Onlinenetzwerk gilt es, einige Zeit und Sorgfalt zu investieren, um ein aussagefähiges Profil von sich zu erstellen. Denn Ihre Angaben sind für alle Mitglieder der Plattform sichtbar. Halbherzige Onlineauftritte mit lückenhaften Daten machen einen schlechten Eindruck. Die Devise heißt: ganz oder gar nicht. Wer dabei ist, sollte aktiv sein und ein ansprechendes Profil präsentieren.

1) Beschreiben Sie knapp und aussagekräftig Ihre Qualifikationen und Ihre beruflichen Stationen. Scheuen Sie sich nicht vor Fachbegriffen. Denn für Ihre potenziellen Arbeitgeber, die von der Materie Ahnung haben, ist dies ein zusätzliches Indiz für Ihre fachliche Qualifikation.
2) Geben Sie Ihre Stärken selbstbewusst und sachlich wieder. Schreiben Sie über Ihre beruflichen Erfolge und speziellen Kompetenzen. Vermeiden Sie aber eine überzogene Selbstdarstellung.
3) Stellen Sie nur ein professionelles Businessfoto von sich ein, am besten eines, auf dem Sie lächeln. Damit sammeln Sie Sympathiepunkte.
4) Halten Sie Ihr Profil aktuell, indem Sie qualifizierte Beiträge zu aktuellen fachlichen Themen in Ihrem beruflichen Bereich posten, zum Beispiel: Rezensionen von Fachbüchern, Tipps zu Fachveranstaltungen, Branchenneuigkeiten oder Ergebnisse von Studien.
5) Schreiben Sie so wenig private Details wie möglich in Ihr Profil. Hobbys, über die Sie Kontakte knüpfen können, zum Beispiel Golf oder Mountainbiking, können Sie dagegen angeben.
6) Lassen Sie Vorsicht walten bei der Onlinekommunikation, wenn es um private Dinge geht. Prüfen Sie eine Nachricht immer nach den folgenden zwei Kriterien, bevor Sie sie posten:
   - Würde diese Nachricht bei einem potenziellen Chef einen guten Eindruck hinterlassen?
   - Ist es für mich in Ordnung, wenn diese Botschaft auch noch nach zwei Jahren im Internet nachzulesen ist?
7) Stellen Sie sicher, dass Ihre Rechtschreibung fehlerlos ist, bevor Sie Profiltexte und Beiträge veröffentlichen.

8) Achten Sie auf eine stilvolle und höfliche Schriftform, wenn Sie mit potenziellen Arbeitgebern im Netzwerk in Kontakt treten. Wählen Sie eine vollständige Anrede »Sehr geehrte/-r« und eine vollständige Grußformel, zum Beispiel »Freundliche Grüße« oder »Beste Grüße aus München«. Verwenden Sie keine Abkürzungen wie »MfG« (Mit freundlichen Grüßen). Vergessen Sie nie, dass es um ein Bewerbungsschreiben geht, auch wenn Sie mit einem Arbeitgeber online Kontakt aufnehmen.
9) Bleiben Sie im Ton immer freundlich. Haken Sie einmal nach, aber nicht häufiger, falls der angeschriebene Netzwerkkontakt nicht antwortet. Lassen Sie sich nicht zu unfreundlichen Kommentaren im Netz oder in E-Mails hinreißen, wenn Sie sich geärgert haben. Das macht einen schlechten Eindruck.

Die direkte Suche nach potenziellen Arbeitgebern

Welche Arbeitgeber sind für Sie interessant?

Sie verbessern Ihre Erfolgschancen erheblich, wenn Sie alle Wege nutzen, die Ihnen bei der Jobsuche zur Verfügung stehen. Dazu gehört auch die direkte Suche nach Arbeitgebern, die für Sie interessant sein könnten.

Aufmerksamkeit schulen

Gehen Sie mit offenen Augen durch die Welt. Verfolgen Sie die Berichterstattung in den Medien. Achten Sie immer auf Firmenschilder, wenn Sie unterwegs sind. Hören Sie aufmerksam zu, wenn in Ihrem Freundes- und Bekanntenkreis die Rede von bestimmten Unternehmen, Organisationen oder öffentlichen Arbeitgebern ist. Vielleicht stoßen Sie auch durch Marken oder Produkte, die Sie schätzen, auf einen interessanten Arbeitgeber, bei dem Sie sich bewerben möchten.

Halten Sie Ausschau nach im Bau befindlichen Unternehmensstandorten.

- Neuansiedlungen von Unternehmen
Wird vielleicht in Ihrer Nähe ein Gewerbegebiet neu ausgewiesen? Dann gehen Sie zur zuständigen Gemeinde und fragen nach, welche Unternehmen und Branchen sich dort ansiedeln wollen. Unternehmen, die neue Standorte eröffnen, suchen häufig neue Mitarbeiter. Vielleicht ist etwas für Sie dabei? Wenn ja, nehmen Sie unverzüglich Kontakt zur Unternehmenszentrale auf. In der Regel schätzen Personalverantwortliche Bewerber mit viel Initiative. Wenn Sie am Ball bleiben und sich immer wieder melden, werden Sie den Bewerbern, die sich erst auf die offizielle Stellenausschreibung bewerben, eine Nasenlänge voraus sein.

Viele Arbeitgeber veröffentlichen ihre vakanten Stellen auf der eigenen Website.

- Aktive Suche auf Unternehmenswebsites
Informieren Sie sich auch auf der Website des Arbeitgebers, für den Sie sich interessieren, über Profil und Schwerpunkte des Unternehmens. Oft werden Sie dabei einen Link mit dem Namen »Karriere«, »Stellenangebote«, »Jobs« oder Ähnliches finden. Dort können Sie nachsehen, ob vielleicht eine Stelle ausgeschrieben ist, die Sie reizen könnte.

Aktualität der Stellenangebote prüfen

Auch für Angebote, die auf den Websites potenzieller Arbeitgeber stehen, gilt: Sie sind nicht immer aktuell. Erfahrungsgemäß versäumen es viele Firmen, ihre Internetseiten regelmäßig auf den neuesten Stand zu bringen. Sie sollten also nachfragen, ob die Stellenanzeige noch aktuell ist. Das gilt zumindest dann, wenn kein Einstellungsdatum angegeben ist.

Falls kein passendes Stellenangebot dabei ist: Initiativbewerbung schicken!

Häufig werden Sie allerdings auf der Firmenwebsite keine Stellenausschreibung finden, die genau zu Ihnen passt. Trotzdem sollten Sie Ihr Anliegen weiterverfolgen – oft lohnt sich eine gut durchdachte Initiativbewerbung.

Wann lohnt sich eine Initiativbewerbung?

Bei großen Unternehmen ist es besser, nach passenden Stellenangeboten zu suchen, statt eine Initiativbewerbung zu verschicken. Beliebte Arbeitgeber wie Siemens oder BMW erhalten Zehntausende von Initiativbewerbungen pro Jahr, manchmal mehrere Hundert an einem einzigen Werktag. Es ist daher wenig wahrscheinlich, dass Sie bei einem solchen Arbeitgeber mit einer unaufgefordert eingesendeten Bewerbung auffallen, es sei denn, Sie haben eine überaus gefragte Qualifikation. Dagegen sind Initiativbewerbungen bei mittelständischen Firmen und kleineren Organisationen oft erfolgreich.

Die persönliche Vorsprache

Vielleicht gibt es einen Arbeitgeber, bei dem Sie schon immer tätig sein wollten. Dann können Sie es durchaus auch mit einer direkten persönlichen Kontaktaufnahme versuchen. Das ist sicher ein unkonventioneller Weg, um eine Arbeitsstelle zu finden. Und es kommt immer darauf an, welchem Arbeitgeber Sie einen unverhofften persönlichen Besuch abstatten.

In Konzernen und Großunternehmen mit eigenen Personalabteilungen werden Sie in der Regel bereits am Empfang gestoppt, obwohl es Personalverantwortliche gibt, die besonders mutige und engagierte Bewerber durchaus schätzen.

Nicht jede Position eignet sich für die persönliche Vorsprache.

Es kommt auch darauf an, auf welche Position Sie sich bewerben wollen. Wenn Sie eine Führungsposition anstreben, wird die persönliche Vorsprache nicht der richtige Weg sein. Streben Sie dagegen eine Arbeit in einem kleineren Unternehmen, zum Beispiel einem handwerklichen Familienbetrieb, an, kann ein spontaner und sympathischer Auftritt als Bewerber durchaus zum Erfolg führen.

Treten Sie auf wie bei einem Vorstellungsgespräch.

Wenn Sie einen Arbeitgeber ohne Vorankündigung kontaktieren wollen, ist es selbstverständlich, dass Sie sich sorgfältig kleiden und Ihre vollständigen Bewerbungsunterlagen dabeihaben, damit Sie diese bei Bedarf gleich aushändigen können.

Jobmessen

Es gibt Hunderte von Jobmessen in Deutschland.

Jobmessen sind sehr empfehlenswert für Arbeitssuchende jeder Qualifikation, vom Facharbeiter bis zur Fach- und Führungskraft. Wichtig ist nur, die richtige Jobmesse zu finden.
Orte und Termine können Sie leicht im Internet recherchieren. Geben Sie einfach die Begriffe »Jobmessen, Termine« in eine Suchmaschine ein oder suchen Sie unter dem Link: **www.berufsstart.de/jobmessen-suchen.html.**

Jobmesse Deutschland
Jedes Jahr im Juni findet die Jobmesse Hannover statt, die von der BARLAG werbe- & messeagentur GmbH veranstaltet wird. Diese Jobmesse richtet sich an alle Generationen und alle Qualifikationen: Studenten und Absolventen vieler Fachrichtungen, Berufswechselnde, Wiedereinsteiger und Best Ager. Informationen zu weiteren Messeorten finden Sie unter **www.jobmessen.de.**

Die Gelegenheit richtig nutzen

Damit der Besuch einer Jobmesse erfolgreich wird, sollten Sie an einige wichtige Dinge denken, wenn Sie vor Ort sind.

Bewerbungen persönlich überreichen

Fertige Bewerbungen mitnehmen.

Zu einer Jobmesse sollten Sie möglichst schon einige fertige Bewerbungsmappen (Lebenslauf und alle Anlagen) oder Kurzbewerbungen (Bewerberprofil und Lebenslauf) mitbringen. Auf ein Anschreiben können Sie verzichten. Schon im Gespräch mit einem Personalverantwortlichen bekommen Sie manchmal das Gefühl, die Firma könnte für Sie interessant sein und sich umgekehrt auch für Sie interessieren. Dann überreichen Sie Ihrem Gesprächspartner zum Abschluss gleich Ihre Unterlagen.

Hinterlassen Sie einen professionellen Eindruck mit Ihrer Visitenkarte.

Visitenkarten hinterlassen

Alternativ sollten Sie aber auch professionell gestaltete Visitenkarten zur Hand haben. Falls Sie keine Bewerbungsunterlagen mehr übrig haben oder sich noch nicht sicher sind, ob eine Firma das Richtige für Sie bietet, belassen Sie es beim Austausch von Visitenkarten.

Achtung, Fettnäpfchen!

Benutzen Sie auf keinen Fall Visitenkarten mit dem Firmenlogo Ihres aktuellen Arbeitgebers. Das wäre ein deutliches Zeichen von mangelnder Loyalität Ihrem Arbeitgeber gegenüber und ließe Sie als Bewerber von vornherein ausscheiden.

Beziehen Sie sich in einer späteren Bewerbung auf die Jobmesse.

Informationen für spätere Bewerbungen sammeln

Selbst wenn Sie auf einer Jobmesse keine Gelegenheit hatten, Ihre Bewerbung abzugeben, eignet sich die Veranstaltung doch als Türöffner. Sammeln Sie Informationen über die Firmen und lassen Sie sich Visitenkarten der Mitarbeiter, die sie dort vertreten haben, geben. Personalverantwortliche schätzen es, wenn Sie in einer Bewerbung auf die Messe Bezug nehmen. Idealerweise sprechen Sie die Person, mit der Sie auf der Messe Kontakt hatten, im Anschreiben mit Namen an und beziehen sich auf das Gespräch.

Anschreiben mit Bezug auf ein Gespräch
Jobmesse vom 21./22. Juni 2014 in Köln
Gespräch mit Herrn Overrath am 21. Juni 2014

Sehr geehrter Herr Overrath,

herzlichen Dank für das informative Gespräch auf der Jobmesse in Köln. Durch Ihre Schilderungen habe ich einen sehr guten Eindruck von der Mustermann AG und insbesondere von Ihrem Unternehmensbereich Elektronik gewonnen. Wie versprochen erhalten Sie heute meine Bewerbung. Gern will ich Ihr Unternehmen als Einkäufer im Bereich Elektronik mit meiner umfangreichen Erfahrung unterstützen.

Finden Sie einen passenden Einstieg für Ihr Bewerbungsschreiben.

Da im Rahmen von Jobmessen auch viele Vorträge und Workshops angeboten werden, können Sie sich eventuell auf etwas beziehen, was ein Firmenrepräsentant dort gesagt hat. Auch mit einem solchen Einstieg heben Sie sich von Ihren Mitbewerbern ab.

Anschreiben mit Bezug auf eine Aussage auf der Jobmesse
Jobmesse vom 21./22. Juni 2014 in Köln
Vortrag von Felix Neuhofer zum Thema Kundenorientierung

Sehr geehrte Frau Herbst,

»Wer leistungsbereit, flexibel und vielseitig ist und bei seiner Arbeit stets den Kunden in den Mittelpunkt stellt, der ist bei uns an der richtigen Stelle.« Das sagte Felix Neuhofer, der Geschäftsführer der Mustermann AG, letztes Wochenende bei seinem Vortrag auf der Jobmesse in Hannover.

Ich verfüge über die genannten Eigenschaften und habe außerdem viele Jahre Berufserfahrung. In dieser Zeit habe ich unzählige Kundenpersönlichkeiten kennengelernt, die meinen Erfahrungsschatz bereicherten und mir die Möglichkeit gaben, meine Kompetenzen zu vervollkommnen. Heute sende Ihnen meine Bewerbung in der Hoffnung, dass Sie mich als Kandidatin für eine verantwortungsvolle Position im Bereich Kundenservice in Ihrem Hause in Betracht ziehen.

Fachmessen

Auf Fachmessen stellen Firmen einer bestimmten Branche aus. Wenn Sie eine Fachmesse besuchen, die Ihrer beruflichen Qualifikation entspricht, finden Sie hier eine Vielzahl von Unternehmen, die für Sie im Rahmen Ihrer Jobsuche interessant sind. Zu jeder Fachmesse gibt es einen Ausstellerkatalog, aus dem Sie bereits vor Ihrem Besuch Unternehmen heraussuchen können, die für Sie als Arbeitgeber infrage kommen.

Das persönliche Gespräch suchen

Beweisen Sie in Gesprächen Ihr Fachwissen.

Besuchen Sie die Messestände dieser Firmen, zeigen Sie Interesse für deren Produkte und Dienstleistungen und kommen Sie mit den Personen am Messestand ins Gespräch. Meist können Sie schnell in Erfahrung bringen, ob der Mitarbeiter, mit dem Sie es gerade zu tun haben, ein Entscheidungsträger ist und Personalverantwortung hat. Ist das der Fall, lassen Sie im lockeren Gespräch Ihre Erfahrung und Ihre Qualifikation einfließen und bekunden Sie Ihr besonderes Interesse an diesem Arbeitgeber. Zum Abschluss überreichen Sie Ihre Visitenkarte.
Jetzt haben Sie einen hervorragenden Aufhänger, um Ihre Initiativbewerbung an diesen Gesprächspartner oder – wenn Ihr Gegenüber nicht für Einstellungen zuständig ist – an einen Personalverantwortlichen des Unternehmens zu schicken.

Nicht nur Führungskräfte haben Einfluss

Wer viel unternimmt, dem kommt der Zufall zu Hilfe.

Auch Personen ohne Führungsverantwortung können für Sie zum Vermittler werden, wenn Sie mit diesen auf der Messe ein gutes Gespräch führen und Sie sich gegenseitig sympathisch sind. Vielleicht wird gerade ein Mitarbeiter Ihres Formats gesucht und Ihr Gesprächspartner gibt Ihre Visitenkarte an seinen Vorgesetzten weiter. Wenn jetzt noch wenige Tage nach der Messe Ihre Initiativbewerbung im Unternehmen eintrifft, ist Ihnen ein Vorstellungsgespräch so gut wie sicher.

Tipps zur Vorbereitung

Egal, ob Sie als Bewerber eine Job- oder Fachmesse besuchen: Bereiten Sie sich immer so gut wie möglich vor. Folgende Punkte sollten Sie dabei beachten.

Kleidung

Kleiden Sie sich wie zu einem Vorstellungsgespräch.

Kleiden Sie sich genauso sorgsam, als wären Sie zu einem Vorstellungsgespräch eingeladen:

- Als Herr tragen Sie einen dunklen Anzug mit Krawatte.
- Als Dame tragen Sie ein Kostüm oder einen Hosenanzug. Vermeiden Sie kurze Röcke, tiefe Ausschnitte oder hochhackige Schuhe. Make-up, Parfum und Schmuck sollten dezent sein.
- Achten Sie auf gepflegtes Schuhwerk.

Akten- oder Businesstasche

Bitte keine Rucksäcke oder Stofftaschen!

Ihre Unterlagen transportieren Sie angemessen, also nicht etwa in einem Rucksack oder einer Stofftasche. Stattdessen nehmen Sie eine Aktentasche mit. Frauen können alternativ auch eine Businesshandtasche verwenden.

Tablet-PC oder Notizblock

Schreibzeug mitnehmen

Ob Tablet-PC oder klassischer Notizblock mit Stift: Nehmen Sie sich etwas zum Schreiben mit, damit Sie sich nach jedem interessanten Gespräch das Wichtigste in Stichworten notieren können. Das hilft Ihnen später, sich zu erinnern, mit wem Sie gesprochen haben, bei welchem Unternehmen Sie bereits eine Bewerbungsmappe abgegeben haben und wohin Sie eventuell noch Unterlagen senden möchten. Außerdem haben Sie so gleich einen guten Einstieg für Ihr Anschreiben.

Firmenliste und -infos

Vorab Informationen sammeln

Am besten notieren Sie sich bereits vor der Messe, welche Aussteller Sie auf jeden Fall besuchen möchten. Das Wichtigste über diese Aussteller recherchieren Sie vorher im Internet, in Firmenbroschüren oder in Presseberichten. In groben Zügen sollten Sie zumindest über die Größe des jeweiligen Unternehmens, seine Geschäftsfelder, Produkte und Marken, seine Marktposition (zum Beispiel Marktführerschaft) und Standorte Bescheid wissen.

Mögliche Fragen

Fragenzettel vorbereiten

Wenn Sie sich nicht zutrauen, spontan mit den Personalverantwortlichen in Kontakt zu kommen, können Sie einige passende Fragen als Aufhänger für eine Unterhaltung vorbereiten. Diese können sich beispielsweise auf fachliche Themen wie neue Produkte oder aktuelle Dienstleistungen beziehen. Damit können Sie dann gezielt mit einem Personalverantwortlichen am Stand ins Gespräch kommen. Sollten Sie an einen Standbetreuer ohne Personalkompetenz geraten, etwa an eine Messehostess, dann bitten Sie diese Person, Ihnen den richtigen Ansprechpartner zu nennen.

Personalberater auf sich aufmerksam machen

Suchen lassen statt selbst zu suchen

Wenn Sie über gefragte Qualifikationen verfügen, kann es sinnvoll sein, einen Personalberater (Headhunter) einzuschalten. Personalberater suchen im Auftrag von Firmen und Organisationen passende Kandidaten für offene Stellen. Gefragt sind vor allem Fach- und Führungskräfte. Bei einer erfolgreichen Vermittlung erhält der Personalberater eine »Kopfprämie« – daher wird er umgangssprachlich auch »Headhunter« (engl. für Kopfjäger) genannt. Die Prämie wird auf der Basis des Gehalts der vermittelten Person berechnet. Sie kann mehrere Monatsgehälter betragen.

Headhunter vermitteln meist nur qualifizierte Fach- und Führungskräfte.

Ein Unternehmen wird diese Kosten nur in Kauf nehmen, wenn es auf anderen Wegen keine geeigneten Kandidaten für bestimmte Positionen finden kann. Bewerber mit wenig außergewöhnlichen Qualifikationen werden deshalb von Headhuntern kaum vermittelt.

Das Interesse von Personalberatern wecken

Die Chancen, dass Ihnen ein Personalberater eine Stelle vermittelt, sind umso besser, je gefragter Ihre Qualifikationen am Arbeitsmarkt sind. Gute Chancen haben Sie, wenn Sie ein gefragtes Fach studiert (zum Beispiel Maschinenbau oder Informatik) oder wenn Sie eine gefragte gesuchte Spezialisierung haben (zum Beispiel als Controller). Es gibt auch Personalberater, die sich auf bestimmte Berufsbilder spezialisiert haben, z. B. auf Sekretärinnen und Assistentinnen, medizinisches Personal, Kommunikations- und Marketingfachleute usw.

Headhunter ausfindig machen

So finden Sie Headhunter:

- Studieren Sie die Zeitungen. Große Personalberatungsfirmen wie Baumann Unternehmensberatung, Steinbach & Partner oder Kienbaum inserieren häufig in überregionalen Tageszeitungen mit der Ankündigung: »Wir suchen für unseren Kunden/Klienten/Mandanten ...« Aber auch kleinere Personalberatungen schalten ab und zu Stellenanzeigen.

Geben Sie Begriffe wie »Personalberater«, »Personalberatung« oder »Executive Search« in eine Suchmaschine im Internet ein. Fügen Sie zusätzlich den Fachbegriff, der auf die Branche oder das Berufsbild, auf das Sie spezialisiert sind, hinzu. So haben Sie die Chance, auch Headhunter zu finden, die sich auf die Personalvermittlung in Ihrem Fachgebiet konzentrieren.

Die Bewerbung bei einem Personalberater

Zwar wissen Sie im Einzelfall nicht, wonach ein Personalberater aktuell gerade sucht. Sie können aber trotzdem auf gut Glück eine Bewerbung an ihn schicken, entweder als E-Mail-Bewerbung im PDF-Format oder per Post als Bewerbungsmappe. Informieren Sie sich im Vorfeld, was der Personalberater wünscht, da heutzutage E-Mail-Bewerbungen die gängige Form darstellen. Häufig genügt eine Kurzbewerbung, bestehend aus Anschreiben und Lebenslauf. Die Nachweise können Sie dann immer noch nachreichen, falls sich jemand für Ihre Qualifikationen interessiert.

Legen Sie sich auf eine Berufsrichtung fest.

Auch in der Bewerbung an einen Personalberater sollten Sie sich nicht auf alle möglichen Positionen bewerben. Die

Aussage »Ich kann fast alles« wird Sie weniger weit bringen als eine genaue Benennung dessen, worauf Sie sich spezialisiert haben beziehungsweise worin Sie gut sind. Legen Sie sich daher ruhig auf eine bestimmte Richtung fest, zum Beispiel auf die Leitung eines Callcenters oder auf den Verkauf komplexer Medizintechnik. Damit Sie sich die Chancen auf andere interessante Stellen durch diese Festlegung nicht verbauen, empfiehlt sich im Anschreiben an den Headhunter ein entsprechender Zusatz.

Interessenbekundung für weitere Einsatzgebiete
Sollten Sie bei meiner Qualifikation andere Einsatzgebiete sehen, bin ich offen für interessante Alternativen.

Unbedingt nötig ist ein übersichtlicher Lebenslauf.

Es kommt aber in erster Linie nicht auf das Anschreiben, sondern auf Ihren Lebenslauf an. Achten Sie auf Übersichtlichkeit: Es sollte auf den ersten Blick zu sehen sein, bei welchem Unternehmen Sie welche Berufserfahrung gesammelt und worauf Sie sich spezialisiert haben.

Berater oder Vermittler?

Der Begriff »Headhunter« ist unter Bewerbern verbreitet, nicht dagegen in der Branche selbst. Wer hochkarätige Fach- und Führungskräfte vermittelt, bezeichnet sich meist selbst als »Personalberater« – oder auf Englisch als »Executive Search Consultant«.
Im Unterschied dazu gibt es »Arbeits- oder Personalvermittler«, die sich meist weniger um Fach- und Führungskräfte bemühen (siehe den folgenden Abschnitt). Sie vermitteln Arbeiter und Angestellte im mittleren bis unteren Segment. Bezahlt werden sie teils von Arbeitgebern, teils aber auch von der Bundesagentur für Arbeit oder von den Bewerbern selbst. Häufig sind Personalvermittler auch Unternehmen, die in der Zeitarbeitsbranche tätig sind.

Mit einem privaten Arbeitsvermittler zusammenarbeiten

Arbeitsvermittler arbeiten auf Erfolgsbasis für die Arbeitsagentur.

In Falle einer Arbeitslosigkeit, die länger als zwei Monate anhält, bekommt der Arbeitsuchende von der Agentur für Arbeit einen Vermittlungsgutschein, mit dem er sich an private Arbeitsvermittler wenden kann.

Die Arbeit privater Arbeitsvermittler

Der Arbeitsvermittler erhält das Honorar erst, wenn er den Arbeitslosen erfolgreich in eine Festanstellung mit mindestens 15 Wochenstunden vermittelt hat und der Vermittelte nach sechs Wochen (erste Rate) beziehungsweise sechs Monaten (zweite Rate) noch in Arbeit ist.

Schnellerer Erfolg durch private Arbeitsvermittlung

Wenn Sie arbeitslos sind, geht es immer darum, dass Sie möglichst schnell wieder einen Arbeitsplatz bekommen. Gute private Arbeitsvermittler können Sie dabei oft besser unterstützen als die Agentur für Arbeit, die häufig überlastet ist. Die Vorteile der privaten Arbeitsvermittlung im Vergleich zur Agentur für Arbeit liegen in der vergleichsweise geringen Zahl von Klienten. Damit kann eine individuellere Beratung und Vermittlung gewährleistet werden.

Große Qualitätsunterschiede bei Arbeitsvermittlern vorhanden

Auch wenn Sie nicht arbeitslos sind, sich aber beruflich verändern möchten, kann ein privater Arbeitsvermittler eine gute Unterstützung für Sie sein. Allerdings gibt es am Markt der privaten Arbeits- und Personalvermittler sehr große Qualitätsunterschiede.

Gute private Arbeitsvermittler erkennen

- Ein seriöser Arbeits- beziehungsweise Personalvermittler erkundet zunächst gemeinsam mit Ihnen, welche Vorstellungen Sie von einer neuen Arbeitsstelle haben.
- Er sichtet und ordnet Ihre Bewerbungsunterlagen, ohne gleich Kosten zu erheben.
- Er sagt Ihnen klar, welche Kosten im Rahmen der Beratung und Vermittlung auf Sie zukommen werden.
- Er erarbeitet mit Ihnen ein Eignungsprofil und hält dies in einem Bewerberexposé fest. Dadurch ist gewährleistet, dass er Ihnen nur Arbeitsstellen anbietet, die mit Ihren Qualifikationen und Neigungen übereinstimmen.

- Sie erhalten durch den Personalvermittler vielfältige Unterstützung und Tipps für den gesamten Bewerbungsprozess.
- Alle Daten werden selbstverständlich vertraulich behandelt.

Dafür, dass ein Anbieter seriös ist, spricht zum Beispiel seine Mitgliedschaft in einem Fachverband. Diese Verbände verpflichten ihre Mitglieder auf einheitliche Qualitätsstandards.

Private Arbeitsvermittler
Fachverband Personal- und Arbeitsvermittler Deutschland e. V.
Holger Stuth
Mecklenburgstraße 34
19053 Schwerin
Telefon: 0385 440088-10
Durchwahl: 0385 440088-12
Mobil: 0171 1469200
Fax: 0385 440088-16
E-Mail: **info@fpav-deutschland.de**
Internet: **www.fpav-deutschland.de**

International Federation for Employment and Recruitment e. V. (IFER)
Stephan Schwartzkopff
Charlottenstraße 65
10177 Berlin
Telefon: 030 2067375-23
Fax: 030 2067375-29
E-Mail: **info@ifer.de**
Internet: **www.ifer.de**

Verband der Personaldienstleister und Arbeitsvermittler im HR Business Center
Könneritzstraße 15
01067 Dresden
Telefon: 0351 21249701
E-Mail: **info@vpda.de**
Internet: **www.vpda.de**

Über Zeitarbeit in den passenden Job

Viele Best Ager lehnen Zeitarbeit ab.

Zeitarbeitsfirmen wird vielfach Lohndumping und schlechter Kündigungsschutz vorgeworfen. Vor allem 45+-Bewerber haben Vorurteile gegenüber der Zeitarbeit, weil sie befürchten, dass sie ihre jahrelang erworbenen Qualifikationen und Erfahrungen unter Wert verkaufen.

Wann Zeitarbeit sinnvoll ist

Sicher ist es selten empfehlenswert, aus einer festen Anstellung heraus zur Zeitarbeit zu wechseln, es sei denn, Sie sehen sich aus bestimmten Gründen gezwungen, Ihren Arbeitsplatz innerhalb kurzer Zeit zu verlassen, und Sie finden so schnell keine geeignete Festanstellung.

Zeitarbeit ist eine Überlegung wert, wenn Arbeitslosigkeit droht.

Zeitarbeit kann aber durchaus eine lohnende Alternative sein, wenn Ihnen Arbeitslosigkeit droht oder Sie bereits arbeitslos sind. Denn jeder weitere Monat, den Sie arbeitslos bleiben, verschlechtert Ihre Chancen, einen neuen Arbeitsplatz zu finden. Personalverantwortliche schätzen und honorieren es im Bewerbungsverfahren, wenn Sie längere Arbeitslosigkeit vermieden haben, indem Sie für ein Zeitarbeitsunternehmen tätig waren. Ausgedehnte Phasen der Arbeitslosigkeit werden schnell für ein Zeichen mangelnder Arbeitsmotivation gehalten. Ob Zeitarbeit allerdings tatsächlich ein Jobmotor sein kann oder eher Stammbeschäftigte verdrängt, darüber streiten sich Arbeitgeber und Gewerkschaften. Arbeitnehmer machen hier sehr unterschiedliche Erfahrungen, doch es gibt immer wieder Beschäftigte, die darüber berichten, dass sie über die Zeitarbeit in eine Festanstellung gerutscht sind.

Die Zahl der unbefristeten Festanstellungen ist in Deutschland rückläufig.

Die Flexibilisierung der Arbeitsverhältnisse wird voraussichtlich weiter zunehmen. Gerade in wirtschaftlich schwierigen Zeiten ist für viele Unternehmen die Zeitarbeit immer wichtiger. Die Zahl der unbefristeten Festanstellungen ist rückläufig, und der gesicherte Arbeitsplatz bis zur Rente wird für die meisten eine Wunschvorstellung bleiben. Mit dieser Entwicklung müssen sich nicht nur Best Ager, sondern Arbeitnehmer jeder Altersgruppe auseinandersetzen.

Vorteile der Zeitarbeit

- Als Zeitarbeiter können Sie mit Abwechslung und zusätzlichen Erfahrungen im Job rechnen. Für künftige Bewerbungen sammeln Sie Belege für Ihre Flexibilität.

Zeitarbeit macht flexibel.

- Sie gewinnen Freiräume, da Sie sich nicht gleich langfristig an ein einzelnes Unternehmen binden, sondern bei der Zeitarbeitsfirma unter Vertrag stehen.
- Wenn Sie in einem Unternehmen Probleme mit Vorgesetzten oder Kollegen haben, müssen Sie sich damit nur für eine begrenzte Zeitspanne auseinandersetzen.

Zeitarbeit gibt Sicherheit.

- Da Sie bei einem Zeitarbeitsunternehmen unbefristet angestellt sind, wird ihr Lohn weitergezahlt, auch wenn Sie kurzfristig nicht in ein Unternehmen entsendet werden. In dieser Zeit bekommen Sie häufig sogar die Gelegenheit, sich weiterzubilden.
- Nicht zuletzt gibt Zeitarbeit Ihnen die Chance, unterschiedliche Arbeitsplätze zu testen. Ebenso hat das Unternehmen die Möglichkeit, Sie kennenzulernen – und Ihnen bei Gelegenheit eine Festanstellung anzubieten.

Seien Sie aber vorsichtig; auch unter den Zeitarbeitsunternehmen gibt es schwarze Schafe. Wenn Sie Zeitarbeit in Erwägung ziehen, wählen Sie am besten ein Unternehmen aus, das beim Bundesverband der Personaldienstleister gelistet ist. So reduzieren Sie das Risiko, schlechte Erfahrungen zu machen.

Bundesarbeitgeberverband der Personaldienstleister e. V. (BAP)
Universitätsstraße 2–3 a
10117 Berlin
Telefon: 030 206098-0
Fax: 030 206098-70
E-Mail: **info@personaldienstleister.de**
Internet: **www.personaldienstleister.de**

Entscheidungshilfe: Welche Bewerbung wann?

Sie haben sich entschieden, auf welche Stellenanzeige oder bei welchen potenziellen Arbeitgebern Sie sich bewerben möchten? Dann geht es im nächsten Schritt darum, eine möglichst ansprechende Bewerbung zu gestalten. Zunächst stellt sich die Frage, welche Bewerbungsform Sie wählen wollen. Sie haben verschiedene Möglichkeiten:

Unterschiedliche Bewerbungswege

- Eine E-Mail-Bewerbung. Die meisten Unternehmen bevorzugen diese Bewerbungsform.
- Eine Bewerbung per Onlineformular. Das wird von manchen Arbeitgebern, vor allem von Großunternehmen, verlangt.
- Eine Bewerbungsmappe, die Sie persönlich übergeben oder per Post versenden. Das ist die traditionelle Variante, die allerdings immer seltener erwünscht ist.

Oft ist der Bewerbungsweg in der Stellenanzeige vorgegeben.

Als Grundsatz gilt: Halten Sie sich an den Bewerbungsweg, der in der Stellenanzeige vorgegeben ist. Wenn der potenzielle Arbeitgeber keine genauen Vorgaben macht oder wenn Sie sich initiativ bewerben wollen, haben Sie die Wahl. Um die richtige Entscheidung zu treffen, sollten Sie die Besonderheiten der einzelnen Bewerbungswege berücksichtigen.

E-Mail-Bewerbung

Viele Firmen und Personalberater ziehen E-Mail-Bewerbungen vor.

Bewerbungen auf elektronischem Wege sind mittlerweile die vorherrschende Bewerbungsform. Die Vorteile liegen auf der Hand: Es kostet kaum etwas, eine E-Mail-Bewerbung zu erstellen und zu versenden. Zudem müssen Sie keine Postlaufzeiten einkalkulieren und können sich sogar noch in letzter Minute bewerben.

Bewerbung per Onlineformular

Wird eine Formularbewerbung gewünscht, halten Sie sich an diesen Weg.

Viele Firmen, aber auch Stellenportale im Internet bieten die Möglichkeit, sich über ein Onlineformular zu bewerben, mit dem ein Bewerberprofil angelegt wird. Um das Formular auszufüllen, müssen Sie Fragen beantworten, teils durch das Anklicken vorformulierter Antworten, teils aber auch durch die Eingabe eigener Texte. Häufig ist zudem vorgesehen, ein Anschreiben, den Lebenslauf und die wichtigsten Zeugnisse als Scans hochzuladen.

Wenn Arbeitgeber diesen Weg bei einer Stellenausschreibung ausdrücklich vorgeben, sollten Sie sich auch an diese Form der Bewerbung halten, ansonsten müssen Sie damit rechnen, als Bewerber nicht berücksichtigt zu werden.

Die Bewerbungshomepage

Die Bewerbungshomepage gehört nicht zu den klassischen Wegen, die Unterlagen bei einem Unternehmen einzureichen. Auf einer Bewerbungshomepage haben Sie die Möglichkeit – anders als beispielsweise bei einer E-Mail-Bewerbung – große Datenmengen unterzubringen. Zudem können Sie den Link Ihrer Homepage beliebig oft verschicken. Auf der anderen Seite fehlt einer Bewerbungshomepage dann aber auch der persönliche Zuschnitt, den wiederum ein Anschreiben leisten kann.

Bewerbungsmappe

Die klassische Bewerbungsmappe ist eine kostenintensive Bewerbungsform.

Die Bewerbungsmappe ist die klassische Form, die von elektronischen Bewerbungsformen immer mehr verdrängt wird. Bewerbungsmappen verursachen relativ hohe Kosten, sowohl für Sie als Bewerberin oder Bewerber als auch für den Arbeitgeber oder Personalberater, der die Bewerbungsmappen an nicht erfolgreiche Kandidaten zurücksenden muss. Deshalb ist ihr Beliebtheitsgrad stark gesunken. Entscheiden Sie sich für die Mappenbewerbung nur dann, wenn sie vom Arbeitgeber ausdrücklich gewünscht wird.

Wichtig für alle Bewerbungen: der individuelle Zuschnitt

Welchen Bewerbungsweg auch immer Sie wählen: In keinem Fall dürfen Sie Massenbewerbungen versenden. Stattdessen sollten Sie sich mit jedem Stellenangebot genau auseinandersetzen und Ihre Bewerbung jeweils individuell auf die Stelle abstimmen. Fragen Sie sich: Was sucht der potenzielle Arbeitgeber und was davon kann ich bieten? Diese Kenntnisse und Fähigkeiten müssen Sie in Ihrer Bewerbung herausarbeiten.

Grundlagen für Anschreiben und Lebenslauf

Sowohl E-Mail- als auch Mappenbewerbungen müssen ein Anschreiben, den Lebenslauf und in der Regel ein Bewerbungsfoto enthalten, wenn der potenzielle Arbeitgeber vollständige oder aussagefähige Bewerbungsunterlagen verlangt. Darin unterscheiden sich die beiden Bewerbungsformen kaum. In der E-Mail-Bewerbung werden diese Unterlagen als Anhang hinzugefügt. In Onlineformularen wird häufig ein Lebenslauf als zusätzliches elektronisches Dokument verlangt.

Gestaltungsgrundlagen

Keine Schmuck- und Schreibschriften

Schriftart: Grundsätzlich haben Sie die freie Wahl zwischen den Schriftarten, die Ihr Textverarbeitungsprogramm bietet. Allerdings sind Schmuck- und Schreibschriften für eine Bewerbung nicht geeignet, weil sie nur schlecht lesbar sind. Wählen Sie stattdessen eine in der Geschäftskorrespondenz gängige Schriftart, zum Beispiel:

- Times New Roman, 12 Punkt (vor allem für die klassische Mappenbewerbung)
- Helvetica, 11 Punkt
- Arial, 11 Punkt

Serifenlose Schriften (Serifen sind die kleinen Häkchen an den Buchstaben) wie die Helvetica und die Arial eignen sich vor allem für das Lesen am Bildschirm, also für elektronische Bewerbungen.

Seitenränder: Stellen Sie den linken Seitenrand Ihres Dokuments auf 25 mm ein, den rechten auf 20 mm. Üblich ist der Flattersatz – und kein Blocksatz.

Telefonnummer und E-Mail-Adresse stets mit angeben.

Telefonnummer: Geben Sie auf jeden Fall Ihre Telefonnummer und Ihre E-Mail-Adresse an. Falls Sie viel unterwegs sind, ist auch die Angabe der Mobilfunknummer sinnvoll. In den meisten Fällen ist es so, dass die Einladung zum Vorstellungsgespräch nicht klassisch mit einem Brief kommt, sondern per Anruf oder E-Mail. Die Telefonnummer gliedern Sie am besten so, wie es die aktuelle DIN 5008 vorsieht: mit einem Leerzeichen zwischen Ländervorwahl, Vorwahl und Hauptrufnummer. Die Durchwahl wird mit einem Bindestrich angefügt.

Telefonnummern richtig gliedern
- +49 228 123456 (internationale Schreibweise mit Ländervorwahl für Deutschland)
- 0228 123456 (Rufnummer im Festnetz)
- 0228 1234-56 (mit Durchwahlanschluss)
- 0172 123456 (Mobilfunknummer)

Das Anschreiben

Eine Seite Platz für das Anschreiben

Das Anschreiben darf nicht länger als eine Seite sein. Betrachten Sie diese Regel als absolutes Muss ohne Ausnahmen. So zeigen Sie Ihre Fähigkeit, auf die Anforderungen einzugehen und sich auf das Wesentliche zu beschränken.

Die richtige Form

Ganz oben steht der Absender, meist linksbündig.

Absender: Oben auf dem Briefkopf geben Sie Ihren Namen und Ihre Adresse an. In der Regel steht der Absender links oben. Als Gestaltungsmittel und bei Platznot kann es hilfreich sein, ihn

- nicht bündig am linken, sondern am rechten Rand zu positionieren,
- zu zentrieren und auf ein bis zwei Zeilen zu verteilen oder
- in einer Kopfzeile unterzubringen (auch auf dem Lebenslauf).

Die Empfängeranschrift so platzieren, dass sie in einem DIN-C4-Umschlag an der richtigen Stelle steht.

Anschrift des Empfängers: Die Adresse bauen Sie wie folgt auf: Richten Sie Ihre Bewerbung an eine bestimmte Person, dann steht deren Name in der Zeile über oder unter dem Namen der Firma, Behörde oder Organisation, bei der Sie sich bewerben. Die Zusätze »An/zu Händen« sind veraltet. Bei Behörden jedoch ist der Zusatz »An« (zum Beispiel »An das Bürgermeisteramt ...«) erlaubt.

Akademische Grade des Empfängers gehören ins Anschriftenfeld.

Die Anrede steht im Akkusativ: Es heißt also »Herrn«, nicht »Herr«. Akademische Grade wie Doktor oder Professor stehen unmittelbar vor dem Namen.

Laut DIN-Norm für Geschäftsbriefe haben die Adressen für Absender und Empfänger keine Leerzeilen.

Adressen laut DIN 5008

Stadtverwaltung Celle	ABC-Werbeagentur
Frau Ilse Maier	Herrn Dr. Max Schön
Kirchweg 11	Am Park 30
29227 Celle	58455 Witten

Eindeutige Schreibweise für das Datum

Für das **Datum** wählen Sie am besten eine der gut lesbaren Möglichkeiten:

- 06.09.2014 (ohne Leerzeichen, Tages- oder Monatsangabe zweistellig)
- 6. September 2014 (mit Leerzeichen)
- 6. Sep. 2014 (mit Leerzeichen)

Sie können die Ortsangabe voranstellen. Üblich ist eine rechtsbündige Platzierung des Datums.

Den Betreff durch Fettdruck kenntlich machen

Betreffzeile: Die Betreffzeile steht mit zwei Leerzeilen Abstand unter dem Datum. Das Wort »Betreff« selbst wird dabei nicht geschrieben. Die Betreffzeile kann durch Fettdruck hervorgehoben werden. Der Betreff inklusive Bezug (zum Beispiel bei einer Bewerbung auf eine Anzeige hin) darf sich über zwei Zeilen erstrecken. Am Ende steht kein Punkt.

Im Betreff sollte stehen, auf welche Stelle Sie sich bewerben oder – falls Sie sich auf keine Stellenanzeige berufen – dass es sich um eine Initiativbewerbung handelt. Geben Sie außerdem das Veröffentlichungsdatum der Stellenanzeige an. In manchen Onlineportalen sind die Anzeigen nicht mit einem Datum versehen. Dann brauchen Sie im Betreff auch keines anzugeben.

Eine aussagekräftige Betreffzeile

- Bewerbung als Assistentin der Geschäftsleitung; Ihre Anzeige vom 14.01.2014 auf www.stepstone.de
- Initiativbewerbung als Verkaufsberaterin in Ihrer Filiale im Gewerbepark Donaueschingen-Süd

Empfänger persönlich anreden

Anrede: Vermeiden Sie die Anrede »Sehr geehrte Damen und Herren«. Sprechen Sie die Empfängerin oder den Empfänger möglichst persönlich an: »Sehr geehrte Frau Jugendstein«. Das gilt auch, wenn der Personalverantwortliche im Stellenangebot nicht genannt ist. Unter Umständen können Sie Ihren Ansprechpartner leicht auf der Firmenwebsite herausfinden. Ansonsten rufen Sie im Unternehmen an, erklären, dass Sie sich auf die angebotene Stelle bewerben möchten, und erfragen den Namen der für Ihre Bewerbung zuständigen Person. Auch Bewerbungen an Headhunter sollten Sie mit einer namentlichen Anrede versehen.
Achten Sie besonders auf die korrekte Schreibweise. Bitten Sie Ihren Gesprächspartner sicherheitshalber, den Namen zu buchstabieren, falls Sie ihn am Telefon erfragen. Denn wenn der Name des Ansprechpartners oder des Zielunternehmens falsch geschrieben ist, wird die Bewerbung fast immer sofort aussortiert.
Achtung: Akademische Grade wie »Doktor« oder »Professor« sollten Sie bei der Anrede unbedingt nennen. Das gebietet die Höflichkeit.

Gliedern Sie den Brieftext in fünf bis sechs Absätze.

Fließtext: Für den Fließtext ist Lesbarkeit die oberste Maxime. Gliedern Sie Ihr Schreiben in Absätze. Auf jeden Absatz folgt eine halbe Leerzeile, maximal eine ganze Leerzeile Abstand.
Im Idealfall umfasst Ihr Schreiben fünf oder sechs Absätze, damit es leserfreundlich und übersichtlich ist.

Die Standardgrußformel oder mögliche Variationen verwenden

Grußformel: Auf den Fließtext folgt ein Absatzabstand, dann kommt die Grußformel. Sie lautet standardmäßig »Mit freundlichen Grüßen«. Sie können sie aber auch variieren.

Variationen zur Standardgrußformel

- Freundliche Grüße
- Beste Grüße
- Mit freundlichen Grüßen aus Wetzlar
- Viele Grüße aus dem Rheinland
- Herzliche Grüße von der Schwäbischen Alb
- Mit freundlichen Grüßen nach Berlin

Wichtig: Nach der Grußformel steht kein Komma. Falls Sie den Gruß in den letzten Satz integrieren, folgt auf die Grußformel als Satzzeichen ein Punkt.

> **Integration einer Grußformel**
> Ich freue mich, wenn Sie mich zu einem Gespräch einladen, und verbleibe mit freundlichem Gruß.
>
> *Jens Karcher*

Unterschriftenscan bei E-Mail-Bewerbungen

Unterschrift: Scannen Sie Ihre Unterschrift bei einer E-Mail-Bewerbung ein. Das wirkt professioneller als nur eine maschinenschriftliche Unterschrift. Bei postalischen Bewerbungen unterschreiben Sie stets von Hand, am besten mit blauer Tinte.

Der Anlagenvermerk kann entfallen.

Anlagenvermerk: Die DIN 5008 empfiehlt, den Vermerk »Anlagen« linksbündig mit mindestens drei Leerzeilen Abstand unter die Grußformel zu setzen. Sie können den Anlagenvermerk aber auch weglassen, denn Sie weisen ja schon im Text darauf hin, dass es sich bei Ihrem Schreiben um eine Bewerbung handelt.

Der richtige Inhalt

Eingehen auf das Anforderungsprofil der gewünschten Stelle

Formulieren Sie Ihr Anschreiben stets mit Blick auf das Anforderungsprofil der gewünschten Tätigkeit. Stellen Sie sich zur Orientierung folgende Fragen:

- Für welche Tätigkeit bewerben Sie sich?
- Welche Anforderungen sind explizit im Stellenangebot genannt? Welche sind unerlässlich, welche zumindest wünschenswert?
- Was (davon) können Sie bieten?
- Stimmen Ihre Qualifikationen mit den Anforderungen der gewünschten Stelle weitestgehend überein?

Nur, wenn Sie diese letzte Frage mit Ja beantworten können, wird sich eine Bewerbung überhaupt lohnen.

Keine falsche Bescheidenheit

Ihr Anschreiben ist im Wesentlichen dazu da, auf die Übereinstimmung Ihrer Qualifikationen mit dem Anforderungsprofil der angestrebten Stelle hinzuweisen. Stellen Sie dabei Ihr Licht nicht unter den Scheffel. Schon im Wort

»Bewerbung« steckt der Begriff »Werbung«. Machen Sie den Empfänger selbstbewusst auf Ihre Qualifikationen und Ihre Stärken aufmerksam. Seien Sie aber vorsichtig: Selbstbewusstsein ist wichtig, Angeberei aber verfehlt bei Bewerbungen ihr Ziel.

Formulieren Sie Ihr Anschreiben in neutralem Ton: Es ist möglich, auf die eigenen Stärken hinzuweisen, ohne damit anzugeben. Anregungen dazu finden Sie in den Musteranschreiben ab Seite 120 Verweisen Sie sachlich auf Ihr Können, Ihre Erfahrung und Ihre Soft Skills. Entscheidend für die Glaubwürdigkeit ist, dass Sie Ihre Angaben belegen, spätestens im Lebenslauf. Behauptungen ohne jeden Beleg wirken großspurig.

Sechs Bausteine für ein gelungenes Anschreiben

Ihr Anschreiben bauen Sie mit folgenden Briefbausteinen auf:

- Baustein A = Bezug zum Stellenangebot
- Baustein B = Interesse wecken
- Baustein C = Vorstellung der eigenen Person
- Baustein D = Fähigkeiten und Eignung
- Baustein E = Organisatorisches
- Baustein F = Aufforderung zum Handeln, Grußformel

Natürlich kann man die einzelnen Briefbausteine nicht wie Bauklötzchen aufeinandersetzen. Manchmal müssen Sie die Reihenfolge verändern und verbindende Wörter oder Sätze einfügen, damit sich Ihr Anschreiben flüssig liest. Die genannten Briefbausteine helfen Ihnen aber, Ihr Anschreiben zu strukturieren.

Baustein A können Sie auch im Betreff abhandeln.

Briefbaustein A = Bezug zum Stellenangebot: Den Einstieg für Ihr Schreiben bildet die Information, aus welcher Quelle Sie von der Stelle erfahren haben. Dafür genügt ein kurzer Hinweis. Falls diese Information im Betreff auftaucht, muss sie im Fließtext nicht noch einmal erwähnt werden. Haben Sie im Vorfeld schon mit dem Adressaten Kontakt gehabt, zum Beispiel auf einer Jobmesse? Oder haben Sie bereits mit ihm telefoniert? Dann danken Sie für das informative Gespräch.

Bei Initiativbewerbungen Motivation herausstellen

Wenn Sie eine Initiativbewerbung erarbeiten, sollten Sie sagen, warum Sie sich ausgerechnet bei diesem Unternehmen bewerben. War ein interessanter Zeitungsbericht der Auslöser? Die Erzählung eines Bekannten? Die Internetseite des Empfängers? Eines seiner Produkte, das Sie auf die Idee gebracht hat, bei der betreffenden Firma arbeiten zu wollen? Diese Information gehört ebenso in den ersten Absatz wie eine Angabe über die gewünschte Tätigkeit.

Die Einleitung eines Anschreibens enthält folgende Elemente:

- Die Information, wie Sie von der Stelle erfahren haben
- Bei einer Blindbewerbung eine kurze Erklärung, was Sie bewogen hat, sich ausgerechnet bei diesem Arbeitgeber initiativ zu bewerben
- Gegebenenfalls einen Dank für das vorangegangene persönliche Gespräch oder Telefonat

Mustertexte: Bezug zum Stellenangebot

Auf dem Onlineportal www.monster.de stieß ich auf Ihre Stellenausschreibung. Die von Ihnen angebotene Position als Elektrotechniker für CNC-Maschinen interessiert mich sehr.

Ihre Assistentin, Katja Trimborn, machte mich darauf aufmerksam, dass Sie auf der Suche nach Mitarbeitern für den Kundenservice sind. Ich habe jahrelange Erfahrung im Bereich Kundenservice und Reklamationsmanagement. Falls bei Ihnen gerade eine solche Stelle neu zu besetzen ist, freue ich mich, wenn Sie meine Bewerbung berücksichtigen.

Auf der Jobmesse in Bremen habe ich Ihren Verkaufsleiter Herrn Peter Egerer kennengelernt, der mir Ihr Unternehmen und Ihre interessante Technologie im Bereich Wintergartenbeschattung vorstellte. Weil ich seit Jahren erfolgreich als Verkaufsmitarbeiter im Bereich Sonnenschutzsysteme arbeite, hat er mich darin bestärkt, mich bei Ihnen als Verkaufsmitarbeiter im Außendienst zu bewerben.

Auf den potenziellen Arbeitgeber eingehen

Briefbaustein B = Interesse wecken: Finden Sie bereits in der Einleitung Anknüpfungspunkte zum jeweiligen Empfänger. Dann wird er gern weiterlesen. Das Interesse eines Personalverantwortlichen wecken Sie nicht, indem Sie sofort und ausschließlich von sich selbst reden. Besser und zweckmäßiger ist es, wenn Sie zunächst das Unternehmen ins Spiel bringen. Sagen Sie,

- warum die Stelle Ihnen interessant erscheint oder
- was Sie an diesem Arbeitgeber reizt.

Positives über die Firma, die Branche, ein einzelnes Produkt erwähnen

Zum letzten Punkt: Haben Sie keine Scheu, die Firma zu loben, bei der Sie sich bewerben. Im Gegenteil: So können Sie zeigen, dass Sie gut informiert sind und wirklich Interesse haben. Je konkreter Ihr Lob ist, desto besser wird es ankommen. Sie können beispielsweise die Qualität bestimmter Produkte loben, die Sie selbst benutzen. Sie können auch von guten Erfahrungen berichten, die Sie oder Menschen aus Ihrem Bekanntenkreis mit dem jeweiligen Arbeitgeber gemacht haben.

Mustertexte: Interesse wecken

Publikationen aus Ihrem Verlag gehören schon seit meiner Jugend zum Inventar meines Bücherschranks und im Laufe der Jahre sind immer mehr dazugekommen.

Entwicklungshilfe professionell aufzubauen, darin sind Sie und Ihre Partnerorganisationen Spezialisten. Genau in diesem Bereich möchte ich für Sie tätig werden.

Überblick über die eigene Person

Briefbaustein C = Vorstellung der eigenen Person: Dieser Abschnitt soll einen zusammenfassenden Überblick über Ihre Person bieten. Dazu nennen Sie die wichtigsten Eckdaten, vor allem

- Ihre Berufsausbildung,
- Ihr Fachwissen,
- Ihre derzeitige Tätigkeit und Ihre bisherigen Tätigkeiten und die damit verbundene Berufserfahrung.

Mustertexte: Vorstellung der eigenen Person

Ich bin gelernter Elektrotechniker und kann auf eine neunjährige Erfahrung im Programmieren von CNC-Anlagen zurückblicken.

Seit 25 Jahren bin ich als Personalsachbearbeiterin tätig. In den vergangenen fünf Jahren lagen meine Aufgabenschwerpunkte insbesondere in der Vertragserstellung und Gehaltsabrechnung mit SAP R/3.

Qualifikationen im Hinblick auf die gewünschte Stelle

Briefbaustein D = Fähigkeiten und Eignung: Baustein C geht meist nahtlos in Baustein D über. Beantworten Sie die wesentlichen Fragen:

- Warum halten Sie sich für geeignet?
- Welche Qualifikationen belegen Ihre Eignung?
- Welche Soft Skills zeigen, dass Sie die angestrebte Position gut ausfüllen können?

Gehen Sie möglichst auf alle im Stellenprofil genannten Anforderungen ein.

Bei Initiativbewerbungen vorab die Anforderungen recherchieren

Wenn Sie sich initiativ auf eine bestimmte Position bewerben wollen, machen Sie sich zunächst mit den Qualifikationen vertraut, die dort üblicherweise verlangt werden. Bewerben Sie sich dagegen nicht auf eine klar umrissene Position, haben Sie es schwerer. Denn die Frage »Haben Sie eine Stelle frei für einen teamfähigen Menschen, der gut schreiben, organisieren und kommunizieren kann?« lädt nicht gerade dazu ein, Sie zum Vorstellungsgespräch zu bitten. Hier gilt: Grenzen Sie zumindest den Bereich ein, den Sie sich gut vorstellen könnten. Legen Sie sich dabei ruhig fest – das bringt mehr als die schwammige Aussage, dass Sie sich für alle möglichen Einsatzgebiete eignen.

Manchmal sind Erklärungen nötig, vor allem dann, wenn Ihre Ausbildung oder Ihr bisheriger Werdegang nicht auf den ersten Blick zur angestrebten Stelle zu passen scheint.

Fachspezifischer und fachfremder Einsatz
Eine Sekretärin, die sich auf eine Stelle als Sachbearbeiterin in einem Versicherungsunternehmen bewirbt – das passt. Wenn eine Sekretärin aber beispielsweise eine Position als Vertriebsmitarbeiterin im Außendienst bei einem Hersteller für Damenschuhe anstrebt, ist das erklärungsbedürftig. Im Anschreiben muss die Bewerberin ihre Eignung für die Stelle klar hervorheben.

Als fachfremde Bewerberin oder fachfremder Bewerber müssen Sie plausibel machen,

- wie Sie dazu kommen, sich auf die gewünschte Stelle zu bewerben,
- warum Sie sich das zutrauen und
- welche Erfahrungen Sie in diesem Bereich mitbringen.

Um bei unserem Beispiel zu bleiben: Die Sekretärin mit Ambition zur Vertriebsmitarbeiterin könnte ihren Werdegang etwa so beschreiben:

Mustertext: Den eigenen Werdegang plausibel machen

Zurzeit bin ich als Sekretärin des Geschäftsführers bei einem Hersteller für Damenschuhmode angestellt. Im Rahmen meiner Tätigkeit fahre ich häufig mit der Geschäftsleitung zu Verkaufsterminen mit Einkaufsverbänden. In den letzten beiden Jahren habe ich immer wieder auch eigenständig Verkaufsverhandlungen mit Händlern geführt, wenn meinem Chef die Zeit dazu fehlte. Die Tätigkeit im Verkauf, der Umgang mit dem Produkt und die Kontakte zu den Kunden machen mir sehr viel Freude. Daraus entwickelte sich eine berufliche Leidenschaft, die ich nun gern Vollzeit ausüben möchte.

Auch Qualifikationen, die Sie nicht haben, aber eigentlich brauchen, sollten Sie ansprechen.

Wenn Sie über eine gewünschte Qualifikation nicht verfügen, sollten Sie trotzdem darauf eingehen. Lassen Sie den jeweiligen Punkt nicht einfach unter den Tisch fallen, sondern beziehen Sie dazu ausdrücklich Stellung.
Auf diese Weise weiß der Empfänger: Sie haben diesen Punkt nicht einfach übersehen, sondern Sie haben sich intensiv mit dem Anforderungsprofil auseinandergesetzt.

Sinnvoll ist zudem die Angabe, ob Sie sich zutrauen, sich die fehlenden Kenntnisse anzueignen, oder ob Sie diese mit etwas anderem kompensieren können.

Mustertexte: wenn eine Qualifikation fehlt
Das Erstellen von Präsentationen mit PowerPoint betrachte ich als Herausforderung, die ich gern annehme.
Mein Englisch – das muss ich einräumen – ist nicht verhandlungssicher, wenngleich ich über gute Kenntnisse verfüge. Ich bin jedoch sprachbegabt und gern bereit, meine Englischkenntnisse im Rahmen meiner Tätigkeit weiter zu vertiefen.
Erfahrung mit dem CAD-Programm ABC habe ich nicht, dafür sehr viel Erfahrung mit XYZ, von dem ich mir habe sagen lassen, es sei recht ähnlich. Ich traue mir ohne Weiteres zu, bald auch mit ABC souverän umzugehen.

Organisatorische Fragen ansprechen

Briefbaustein E = Organisatorisches: Unterschätzen Sie die Wichtigkeit organisatorischer Angaben nicht. Gegen Ende des Anschreibens müssen Sie auf diese wichtigen Anforderungen eingehen, die meist im Stellenangebot genannt sind. Achten Sie auf alles, was ausdrücklich angegeben ist, aber auch auf organisatorische Fragen, die sich implizit ergeben. Das können zum Beispiel sein:

- Gehaltswunsch
- Frühestmöglicher Eintrittstermin
- Umzugsbereitschaft

Nicht auf das Vorstellungsgespräch vertrösten

Wird Ihr Gehaltswunsch in der Stellenanzeige nicht verlangt, vermeiden Sie es besser, eine konkrete Gehaltsvorstellung anzugeben. Wird in der Anzeige jedoch ausdrücklich nach dem Gehaltswunsch gefragt, dann sollten Sie sich unbedingt dazu äußern. Üblich ist es, das Jahresbrutto- und nicht das Monatsgehalt anzugeben. Vertrösten Sie den potenziellen Arbeitgeber keinesfalls auf das Vorstellungsgespräch.

Wenn Sie Ihre Gehaltsvorstellung im Anschreiben nicht angeben, dann wird Ihre Bewerbung womöglich sofort aussortiert. Kaum ein Personalverantwortlicher oder -berater wird sich die Mühe machen, einen Bewerber anzurufen, um diese fehlende Information einzuholen. Sie haben zwei Möglichkeiten:

Am letzten Gehalt orientieren oder offen das Wunschgehalt nennen

- Sie geben Ihr aktuelles oder letztes Gehalt an. Der Personalverantwortliche rechnet dann mit einem Aufschlag von zehn bis 20 Prozent.
- Sie sagen offen, was Sie verdienen möchten. Wenn Sie genau die Qualifikationen zu bieten haben, die gesucht sind, und wenn Sie obendrein wenig Konkurrenz haben, kann sich das lohnen.

Je mehr Ihnen an der jeweiligen Stelle liegt, desto näher sollten ihre Gehaltsvorstellungen an der marktüblichen Bezahlung liegen. Das marktübliche Gehalt richtet sich auch nach Ihren Erfahrungen und dem Grad Ihrer Spezialisierung.

Mustertexte: Gehaltsvorstellung
Meine Gehaltsvorstellung liegt bei 45 000 Euro pro Jahr.
Mein derzeitiges Gehalt beträgt 40 000 Euro pro Jahr. Ich rechne mit einer Verbesserung.

Übliche Gehälter lassen sich leicht im Internet recherchieren.

Das Internet ist das ideale Medium für Gehaltsrecherchen. Viele Onlinemedien veröffentlichen von Zeit zu Zeit Gehaltsvergleiche. Auch auf Stellenportalen finden Sie Hilfe in dieser Frage. Weil sich die betreffenden Webadressen ständig ändern, verzichten wir hier auf konkrete Links. So finden Sie aktuelle Quellen: Geben Sie in einer Suchmaschine einen der folgenden Begriffe oder Sätze ein:

- Gehalt + Berufsbezeichnung (zum Beispiel Gehalt Elektrotechniker)
- Gehaltscheck (oder Gehalts-Check)
- Gehaltstest (oder Gehalts-Test)
- Gehaltsanalyse (oder Gehalts-Analyse)

Nicht unter Wert anbieten

Setzen Sie Ihre Gehaltsvorstellung nicht von vornherein zu niedrig an. Erfahrene Personalverantwortliche wissen: Bewerber, die beim Gehalt erhebliche Abstriche machen, kündigen womöglich bald wieder, sobald sich eine attraktivere Stelle bietet.

Wann Sie beim Gehalt Kompromisse machen können.

Dennoch gibt es durchaus Situationen, in denen Sie eine gewisse Kompromissbereitschaft im Anschreiben signalisieren können, zum Beispiel wenn Sie

- nach einer Berufspause wieder in den Arbeitsmarkt einsteigen wollen,
- als Teilzeitkraft wieder einsteigen möchten und – aus welchen Gründen auch immer – auf zeitliche Flexibilität angewiesen sind,
- nach einer langen Phase der Arbeitslosigkeit froh sind, überhaupt wieder eine Stelle zu finden.

Begründen Sie, warum Sie bereit sind, ein geringeres Gehalt zu akzeptieren.

Orientieren Sie sich aber auch in solchen Fällen an einem realistischen Gehalt. Machen Sie jedoch zugleich deutlich, dass es Ihnen einen gewissen Abschlag wert ist, die Stelle überhaupt zu erhalten. Sie können Ihre Kompromissbereitschaft auch zeitlich eingrenzen, indem Sie etwa von einem »Einstiegsgehalt« sprechen.

Manchmal empfiehlt sich zusätzlich eine Andeutung, dass Sie nicht vorhaben, Ihre Stelle möglichst schnell wieder zu wechseln.

Mustertexte: Kompromissbereitschaft beim Gehalt

Was das Gehalt angeht, bin ich flexibel. Die Stelle, die mit ihren Aufgabeninhalten wie maßgeschneidert zu mir passt, ist mir wichtiger. Mit einem Einstiegsgehalt von 30 000 Euro im ersten Jahr wäre ich zufrieden. Dann kennen wir uns gegenseitig und sollten erneut verhandeln.

Mustertexte: Kompromissbereitschaft beim Gehalt

In meiner letzten Position habe ich 35 000 Euro verdient. Danach habe ich eine sechsjährige Auszeit genommen, um meine Mutter zu pflegen. Nach dieser langen Zeit ist es schwierig, einen Arbeitsplatz zu bekommen, noch dazu einen, der so gut zu mir und meinen Qualifikationen passt. Außerdem bieten Sie sehr flexible Arbeitszeiten, die gut mit meinem Familienleben vereinbar sind. Aus diesen Gründen bin ich bereit, zu einem niedrigeren Gehalt bei Ihnen einzusteigen.

Mein letztes Gehalt lag bei 40 000 Euro pro Jahr. Ich bin jedoch bereit, zu einem niedrigeren Gehalt bei Ihnen anzufangen. Mir liegt mir vor allem an einem Arbeitsplatz mit längerfristigen Perspektiven.

Aktuell verdiene ich 30 000 Euro. Ich wäre aber bei Ihnen mit 28 000 Euro einverstanden, denn eine Arbeitsstelle in Frankfurt würde für mich bedeuten, dass ich nicht mehr jeden Tag nach Köln pendeln müsste.

Kündigungsfrist des aktuellen Arbeitsverhältnisses beachten

Ihr **frühestmöglicher Eintrittstermin** ist wichtig für Ihren potenziellen Arbeitgeber, denn nur mit dieser Angabe kann er planen. Bewerben Sie sich aus einer ungekündigten Stellung heraus, dann berücksichtigen Sie die Kündigungsfrist Ihres aktuellen Arbeitsvertrags.
Oft ist aber auch eine vorzeitige, einvernehmliche Trennung möglich. Ihr jetziger Arbeitgeber wird in der Regel einsehen, dass es keinen Sinn hat, Sie gegen Ihren Willen länger zu beschäftigen. Sie haben also gute Chancen, einen Aufhebungsvertrag zu bekommen. Seien Sie dennoch im Anschreiben an einen potenziellen neuen Arbeitgeber ehrlich.

Mustertexte: Eintrittstermin

Mein frühestmöglicher Eintrittstermin ist der 1. Januar 2015.

Ich bewerbe mich aus ungekündigter Stellung. Deshalb kann ich erst zum 1. Juli 2014 bei Ihnen anfangen. Wenn Sie mich zu einem früheren Termin einstellen wollen, rechne ich aber nicht mit Schwierigkeiten.

Signalisieren Sie gegebenenfalls Ihre Bereitschaft, für die Stelle umzuziehen.

Umzugsbereitschaft: Es gibt Stellen, bei denen es unerlässlich ist, dass der Arbeitnehmer nicht weit vom Arbeitgeber entfernt wohnt. So muss zum Beispiel ein Mitarbeiter im Krankenhauspflegedienst, der nachts und am Wochenende für Bereitschaftsdienste eingesetzt wird, in der Nähe des Krankenhauses wohnen. Ein Produktionsleiter, der die Verantwortung dafür trägt, dass auch im Schichtbetrieb alles reibungslos läuft, sollte ebenfalls in Reichweite des Produktionsstandorts wohnen, um zur Not rasch zur Stelle zu sein. Deshalb ist in solchen Fällen die Angabe unerlässlich, dass Sie

- in der Nähe wohnen oder
- zum Umzug bereit sind, wenn Sie die Stelle bekommen.

Es kann auch in anderen Fällen sinnvoll sein, sich zur Umzugsbereitschaft zu äußern. Wenn zum Beispiel der Arbeitsplatz so weit von Ihrem Wohnort entfernt ist, dass es nicht möglich ist, jeden Tag zu pendeln. Indem Sie Ihre Bereitschaft zu einem Umzug explizit erwähnen, machen Sie echtes Interesse an der ausgeschriebenen Tätigkeit deutlich.

Mustertexte: Umzugsbereitschaft
Ein Umzug nach Hamburg ist für mich kein Problem.
Auf einen Einsatz im Süden Deutschlands freue ich mich. Meine Familie ist gern bereit, mit umzuziehen.

Bitten Sie am Schluss um eine Einladung zum Vorstellungsgespräch.

Briefbaustein F = Aufforderung zum Handeln: Psychologisch geschickt ist es, das Anschreiben nicht einfach mit der Grußformel zu beenden, sondern den Empfänger wie im Werbebrief zunächst zum Handeln aufzufordern. Sie können die Empfängerin oder den Empfänger explizit bitten, Sie zu einem Gespräch einzuladen, und gleich die Mobilfunknummer angeben, unter der Sie in der Regel erreichbar sind.

Mustertexte: Aufforderung zum Handeln
Über eine Einladung zum Vorstellungsgespräch würde ich mich sehr freuen.
Ich würde Sie sehr gern in einem Vorstellungsgespräch persönlich kennenlernen.
Über eine Nachricht von Ihnen würde ich mich sehr freuen.
Ich freue mich, Sie in einem persönlichen Gespräch kennenzulernen.

Musteranschreiben »Leiter der Personalabteilung«

Hans Lehmann, Lindenallee 3, 20100 Hamburg, Tel.: 040 1234567,
E-Mail: lehmann@net.com

Trachtenhaus Bernauer AG
Frau Anette Bernauer
Karlsplatz 19–21
80998 München

13.01.2014

Bewerbung als Leiter der Personalabteilung
Ihre Ausschreibung in der Süddeutschen Zeitung vom 11. Jan. 2014

Sehr geehrte Frau Bernauer,

da ich eine neue berufliche Herausforderung suche und aus persönlichen Gründen gern nach München ziehen möchte, bewerbe ich mich auf Ihr Stellenangebot.

Ich bin 47 Jahre alt und Diplom-Kaufmann. Seit fast 19 Jahren arbeite ich im Personalwesen in den verschiedensten Branchen: Medien, Industrie, Handel, seit 17 Jahren in leitender Funktion. Am besten bin ich mit dem Einzelhandel vertraut: Seit zehn Jahren bin ich Personalchef einer großen Einzelhandelskette.

Die Herausforderungen des Einzelhandels sind mir gut bekannt: Es ist nicht leicht, qualifizierte Mitarbeiter zu finden und zu motivieren. Dafür ist in erster Linie der Personalchef verantwortlich. Gleichzeitig muss er Kosten senken und die Produktivität steigern. An Ihrem Haus gefällt mir, wie Sie mit Ihren Mitarbeitern umgehen: Trotz Einzelhandelsflaute haben Sie betriebsbedingte Kündigungen vermieden und Einschnitte nur bei kurzfristigen Aushilfskräften gemacht. Das ist Personalpolitik, wie ich sie gern fortführen würde. Mit Personalauswahl, Einsatzoptimierung, Aus- und Weiterbildung kenne ich mich ebenso gut aus wie mit den Themen Mitarbeitervergütung, Steuern und Sozialversicherungen.

Gern komme ich zu einem Kennenlern-Gespräch. Ich freue mich, von Ihnen zu hören!

Beste Grüße nach München

Hans Lehmann

Der Lebenslauf belegt Ihre Qualifikationen und ist mitunter wichtiger als das Anschreiben.

Der Lebenslauf

Der Lebenslauf ist das zentrale Dokument Ihrer Bewerbung. Für Headhunter ist er noch wichtiger als Ihr Anschreiben. Mit Ihrem Lebenslauf müssen Sie deshalb auf den ersten Blick punkten. Er liefert dem Empfänger den Nachweis dafür, dass Sie das Anforderungsprofil der ausgeschriebenen Stelle erfüllen, dass Sie also genau die Kenntnisse, Fähigkeiten und Soft Skills mitbringen, die im Hinblick auf die gewünschte Stelle nötig sind.
Wie lang ein Lebenslauf maximal sein darf, ist nirgendwo festgelegt. Zwei, drei oder gar vier Seiten sind völlig in Ordnung, ja sogar normal, wenn Sie ein Best Ager sind und auf viele Stationen Ihres Lebens zurückblicken können. Länger sollte er allerdings nicht sein. Wichtig ist vor allem, dass Ihr Lebenslauf übersichtlich und aussagekräftig ist.

Nennen Sie Ihre vollständigen Kontaktdaten im Kopf des Lebenslaufs.

Persönliche Daten im Kopf unterbringen

Unter der Überschrift »Lebenslauf« folgt die Unterüberschrift »Persönliche Daten«. Hier führen Sie Ihren Namen und Ihre Kontaktdaten, Ihren Ausbildungsabschluss oder Ihre Berufsbezeichnung, Geburtsdatum und -ort, Ihren Familienstand und gegebenenfalls die Zahl Ihrer Kinder auf. Die Angabe der Staatsangehörigkeit ist zumindest dann empfehlenswert, wenn Ihr Name einen zutreffenden Rückschluss auf Ihre Staatsangehörigkeit nicht unbedingt zulässt.

Der Kopf des Lebenslaufs
Persönliche Daten:
Wladislaw Kaminski
Meister Elektrotechnik
Amselweg 122
70173 Stuttgart
Telefon: 0711 123456789
Mobil: 0171 9876543

Geboren am 23.08.1960 in Krefeld
Verheiratet, drei Kinder
Staatsangehörigkeit: deutsch

Chronologie einhalten

Lassen Sie im Lebenslauf keine unbelegten Lücken.

Führen Sie die einzelnen Stationen in Ihrem Berufsleben auf und geben Sie auch Ihren höchsten Schulabschluss und Ihren Ausbildungsabschluss beziehungsweise Ihre -abschlüsse an. Dazu gehören jeweils die Namen Ihrer Schule(n) und Ausbildungsunternehmen.
Versehen Sie alle Stationen mit einer möglichst monatsgenauen Angabe des Zeitraums (von ... bis). Achten Sie darauf, dass keine Lücken in der zeitlichen Reihenfolge bleiben, zumindest keine, die länger als drei Monate dauern. Phasen der Arbeitslosigkeit können Sie – leicht beschönigend – als »Orientierungsphase«, »Arbeitssuche« oder mit dem Adjektiv »arbeitssuchend« umschreiben.

Beginnen Sie als Best Ager mit Ihrer jüngsten beruflichen Station.

Ob Sie die einzelnen Stationen Ihres Lebenslaufs chronologisch auf- oder absteigend anordnen, bleibt grundsätzlich Ihnen selbst überlassen. Für Sie als 45+-Bewerber mit viel Berufserfahrung hat ein chronologisch absteigender Lebenslauf allerdings Vorteile. Auf diese Weise stehen die jüngsten Aufgabenbereiche ganz oben – im Idealfall die Station, aus der Ihre Hauptqualifikation am besten hervorgeht. So fällt dem Personalverantwortlichen sofort Ihre aktuelle Qualifikation ins Auge und nicht die Stationen Ihrer beruflichen Aufbauphase vor 25 oder 30 Jahren, die für ihn nur noch von untergeordneter Bedeutung sind.

Charakterisierung jeder Station in Stichworten

Gleichartige Stationen unter einer passenden Überschrift zusammenfassen

Als 45+-Bewerber haben Sie wahrscheinlich eine gehörige Reihe von Ausbildungs- und Berufsstationen absolviert. Damit Ihr Lebenslauf für den Leser dennoch übersichtlich bleibt, können Sie gleichartige Stationen unter entsprechenden Überschriften zusammenfassen, etwa:

- »Schulbildung«
- »Ausbildung«
- »Weiterbildung/Praktika«
- »Berufliche Tätigkeiten«

Bei beruflichen Stationen sind einige zusätzliche Erklärungen sinnvoll.

Zurückliegende berufliche Stationen

Bei der Beschreibung Ihrer beruflichen Stationen sollten Sie folgende drei Fragen beantworten:

- Wer war Ihr Arbeitgeber? Charakterisieren Sie ihn kurz mit Name, Branche, Zahl der Mitarbeiter.
- Was war Ihre Aufgabe? Geben Sie Einblick in Ihre wichtigsten Tätigkeiten und Aufgaben.
- Welche Fähigkeiten waren hierfür notwendig? Diese Zusatzinformation ist dann sinnvoll, wenn sie sich nicht aus der Beschreibung Ihrer Aufgaben ohnehin schon ergibt.

Geben Sie denjenigen Tätigkeiten und Qualifikationen besonderes Gewicht, die Ihre Qualifikation für die angestrebte Stelle belegen können. Wenn Ihr Lebenslauf sehr viele berufliche Stationen umfasst, machen Sie besonders genaue Angaben nur für die Arbeitgeber, bei denen Sie in den vergangenen fünf bis sieben Jahren tätig waren.

Das Wichtigste über einzelne Berufsstationen

01/2010 – 10/2013: **Leiter Elektrotechnik, Schneider Bau GmbH** (technische Gebäudeausrüstung mit Schwerpunkt Elektro-, Licht- und Fördertechnik, 70 Mitarbeiter)

- Planung elektrischer Installationstechnik für Gebäude in den Bereichen Forschung, Gesundheitswesen, Wissenschaft und Verwaltung
- Durchführung und Dokumentation der Bauüberwachung, Überprüfung der Installationsleistungen und Mängelregulierung

Was nicht in die Chronologie passt, gehört in den thematischen Anhang.

Der thematische Anhang

Alles, was sich nicht sauber in die Chronologie Ihres Lebenslaufs einordnen lässt, bringen Sie in einem thematischen Anhang unter. Das gilt beispielsweise auch für Weiterbildungen, die nur von kurzer Dauer waren, aber als Belege für wichtige Fähigkeiten und Kenntnisse wichtig sind.

Auch Hobbys können Sie im thematischen Anhang unterbringen. Sie aufzuführen empfiehlt sich vor allem, wenn

Sie damit Schlüsse auf Ihre Persönlichkeit und entscheidende Soft Skills ermöglichen wollen. So deutet etwa eine Mannschaftssportart auf Teamfähigkeit hin, eine Tätigkeit als Trainerin auf Führungsstärke. Wenn jemand gern Klavier spielt, heißt das, dass der oder die Betreffende eine musische Ader hat. Kurzum: Mit Angaben zum Hobby kann sich ein Personalverantwortlicher ein viel umfassenderes Bild von der Persönlichkeit des Bewerbers oder der Bewerberin machen.

Wenn möglich, Referenzgeber benennen!

Wenn Sie jemanden benennen können, der Ihnen eine Referenz gibt, können Sie unter diesem Stichwort auch die Kontaktdaten der betreffenden Person im thematischen Anhang aufführen. Der- oder diejenige sollte dann aber informiert und einverstanden sein, damit er im Falle einer Anfrage souverän über Ihre Qualifikationen Auskunft geben kann. Welche Kategorien im thematischen Anhang Ihres Lebenslaufs stehen, entscheiden Sie selbst.

Thematischer Anhang

Weiterbildungen:
März 2002 – April 2003: Fortbildung zum Systemspezialisten Elektrotechnik, ELTECH Kolleg Stuttgart
Januar 2013 – Juli 2013: Fortbildung zum Servicespezialisten Elektrotechnik; ELTECH Kolleg Stuttgart

Referenzen:
Auskunft über meine Qualifikationen gibt der Abteilungsleiter bei der Hercago AG, unter dessen Führung ich zuletzt gearbeitet habe. Seine Kontaktdaten:
Peter Maurer, Tel.: 01234 5678-9, E-Mail: pm@hercago.de

Hobbys:
Fußball (Trainer der B-Jugend in Stuttgart-Degerloch)
Klarinette spielen (Mitglied Musikgruppe)

Wichtig: die Unterschrift am Schluss

Vergessen Sie nicht, am Schluss des Lebenslaufs Ort und Datum aufzuführen und den Lebenslauf zu unterschreiben! Bei einer elektronischen Bewerbung fügen Sie Ihre eingescannte Unterschrift ein, bei einer Mappenbewerbung unterschreiben Sie den Lebenslauf von Hand.

Musterlebenslauf »Assistentin«

Elke Wiesinger ▪ Breite Straße 20 ▪ 86158 Augsburg ▪ Tel.: 0821 111222333

Lebenslauf

Elke Wiesinger
Geboren am 7. März 1963 in Bonn
Staatsangehörigkeit: deutsch
Familienstand: geschieden
Umzugsbereit

Berufliche Erfahrungen

04/2006 – 12/2013	Assistentin des Vorstandsvorsitzenden Science-Sigma Verlag, Augsburg Aufgabengebiete: Unterstützung des Vorstandsvorsitzenden im Tagesgeschäft Reise- und Terminplanung Korrespondenz in Deutsch und Englisch Organisation von Aufsichtsrats- und Vorstandssitzungen Organisation von Tagungen und Veranstaltungen Stilsichere, mehrsprachige Kommunikation mit internationalen Geschäftspartnern
10/2002 – 03/2006	Assistentin des Vorstands Finanzen GTZ AG, Düsseldorf Aufgabengebiete: Allgemeine Sekretariatsaufgaben Erstellung von Präsentationen, Vorträgen und Reden Mitgestaltung der allgemeinen Unternehmensentwicklung Vorbereitung, Organisation und Nachbereitung von Hauptversammlungen und Aufsichtsratssitzungen
03/2002 – 09/2002	Arbeitssuchend
06/1991 – 02/2002	Assistentin des Geschäftsführers Kerox Maschinenbau GmbH, Hamburg
01/1988 – 05/1991	Sekretärin der Geschäftsleitung Lana Textilgesellschaft mbH, Köln

Elke Wiesinger ▪ Breite Straße 20 ▪ 86158 Augsburg ▪ Tel.: 0821 111222333

03/1985 – 12/1987	Vertriebssekretärin SGR Maschinenbau GmbH, Köln
08/1983 – 02/1985	Teamsekretärin Linus Pharma AG, Meckenheim
07/1982 – 06/1983	Auslandsjahr als Au-pair in Washington, USA
09/1973 – 05/1982	Käthe-Kollwitz-Gymnasium, Bonn Abschluss: Abitur

Fremdsprachen

Englisch:	sehr gut in Wort und Schrift
Französisch:	gut
Spanisch:	befriedigend

Spezielle Kenntnisse

Umfangreiche Kenntnisse und Erfahrungen im Event- und Tagungsmanagement
Moderation von Meetings und Workshops
Schulung von Sekretärinnen

PC-Anwenderkenntnisse:

QuarkXPress 8	umfassende Erfahrung
MS Office 2010	alle Anwendungen

Augsburg, 6. Juli 2014

Elke Wiesinger

Musterlebenslauf tabellarisch »Leiter der Personalabteilung«

Hans Lehmann, Lindenallee 3, 20100 Hamburg, Tel.: 040 1234567,
E-Mail: lehmann@net.com

Lebenslauf

Persönliche Daten

Name:	Hans Lehmann
Geburtsdatum:	13. August 1966
Geburtsort:	Bad Tölz
Familienstand:	verwitwet, drei Kinder (19, 21 und 22 Jahre alt)

Ausbildung

09/1972 – 07/1986	Grundschule und Gymnasium, Bad Tölz Abschluss: Abitur
08/1986 – 07/1989	Bäckerlehre Bäckerei Moshammer, Bad Tölz Abschluss: Gesellenbrief
08/1989 – 07/1990	Arbeit als Bäckergeselle Bäckerei Moshammer, Bad Tölz

Studium

10/1990 – 09/1995	Studium der Betriebswirtschaft, Schwerpunkt Personal und Organisation Ludwig-Maximilians-Universität, München Abschluss: Diplom-Kaufmann

Werdegang

12/1995 – 12/1996	**Mitarbeiter in der Personalabteilung** Verlagsgruppe Recke & Goldberg (Fachverlag für Finanzberichterstattung, ca. 350 Mitarbeiter), Frankfurt Ziel der Position: einwandfreie und kostensparende Personalbuchführung Aufgaben: Erstellung der monatlichen Gehaltsabrechnungen, Vorbereitung von Betriebsprüfungen durch die Sozialversicherung berufsbegleitende Weiterbildung: Personalwirt der IHK

01/1997 – 12/2000	**Stellvertretender Personalleiter** Mercke & Söhne GmbH (Hersteller von Klimaanlagen, 2000 Mitarbeiter), Darmstadt Ziel der Position: optimale Auslastung der Maschinen, reibungsloser Produktionsablauf bei kostensparendem Personaleinsatz Aufgaben: Erstellung von Personaleinsatzplänen für den Schichtbetrieb, Überwachung der Lohn- und Gehaltsabrechnung (2 Mitarbeiter), Kontakt zu den Betriebsräten der Niederlassungen, Beratung der Geschäftsführung in personalrechtlichen Fragen
01/2001 – 06/2001	Phase der Neuorientierung und Bewerbung
07/2001 – 09/2004	**Personalleiter** WPG Steuerberatung Wirtschaftsprüfung Unternehmensberatung (250 Mitarbeiter), Düsseldorf Ziel der Position: Auswahl geeigneter Mitarbeiter, Motivation, Bindungs- und Qualifikationsmaßnahmen Aufgaben: Personalauswahl, Qualifikationsanalyse, Konzeption von Weiterbildungsmaßnahmen, Beratung der Geschäftsführung bei Personalrecht und -einsatz
Seit 10/2004	**Personalleiter** Sports and Adventure AG (Sportartikel-Einzelhändler, 600 Mitarbeiter), Hamburg Ziel der Position: Personalkosten sparen, Qualitätsstandards wahren Aufgaben: Personalauswahl, Konzeption von Weiterbildungsmaßnahmen, Erstellen von Personaleinsatzplänen, Kontakt mit dem Betriebsrat, Beratung der Geschäftsführung in personalrechtlichen Fragen, Frauenförderung, Erarbeitung von Sozialplänen und Outplacement-Maßnahmen, Wartung der Firmenstammdaten, Überwachung der Lohnabrechnungen
Weitere Kenntnisse	**Sprachkenntnisse** Italienisch (verhandlungssicher), Englisch (gut), Französisch (gut), Spanisch (befriedigend)

Hamburg, 13.01.2014

Hans Lehmann

Gute Bewerbungsfotos

Ein professionelles Foto ist unerlässlich.

Ein Bewerbungsfoto hat allein den Zweck, Sie optimal darzustellen. Investieren Sie in professionelle Aufnahmen von einem guten Fotografen. Ihre Kleidung zum Fototermin sollte seriös und geschäftsmäßig sein – so wie zu einem Vorstellungsgespräch.

Grundregel: nur aktuelle Bewerberfotos versenden

Versuchen Sie nicht etwa, durch eine übertrieben jugendliche Kleidung oder Ähnliches zu erreichen, dass Sie auf dem Foto jünger wirken. Das bewirkt meist das Gegenteil. Holen Sie auch auf keinen Fall ein zehn oder mehr Jahre altes Foto aus der Schublade, nur weil es Sie deutlich jünger abbildet. Schließlich muss Ihr Geburtsdatum mit Ihrem Abbild einigermaßen realistisch übereinstimmen. Es ist deshalb unerlässlich, dass Sie für Ihre Bewerbung aktuelle Fotos machen lassen.

Guter Sitz der Kleidung im Hals- und Schulterbereich

Bewerbungsfotos sind in der Regel Porträtfotos, auf denen Ihr Kopf und Ihre Schulterpartie zu sehen sind.

Das professionelle Bewerbungsfoto

Tragen Sie ein geschäftsmäßiges Oberteil, also Hemd und Sakko beziehungsweise Bluse und Kostümjacke. Achten Sie darauf, dass der Hemd- oder Blusenkragen tadellos sitzt. Dasselbe gilt natürlich für den Jackenkragen. Wählen Sie keine grellen Farben, sondern ein Hemd beziehungsweise eine Bluse in Pastell oder Weiß. Einfarbige Sakkos und Kostümjacken wirken am besten. Mit einer Krawatte beziehungsweise einem Tuch können Sie einen Farbakzent schaffen. Auffällige Halsketten und Ohrringe sollten Bewerberinnen lieber weglassen, und auch Herren verzichten auf einem Bewerbungsfoto besser auf Halsketten. Blicken Sie freundlich in die Kamera, lächeln Sie. Mit Ihrem Foto vermitteln Sie den ersten Eindruck von sich. Sie wollen den Personalverantwortlichen für sich gewinnen. Das gelingt Ihnen mit einer freundlichen Ausstrahlung viel leichter. Ein erfahrener Fotograf wird Sie beraten, wie Sie sich auf einem guten Bewerbungsfoto am besten darstellen.

Ein Bewerbungsbild darf etwas größer sein als ein Passbild.

Größe und Format

Für Größe und Format eines Bewerbungsbilds gibt es keine verbindliche Vorschrift. Achten Sie in erster Linie darauf, dass das Foto groß genug ist, um Ihr Gesicht optimal zur Geltung zu bringen. Passbilder der Größe 3,5 × 4,5 cm sind zu klein. Verwenden Sie auch kein allzu großes Bild, sonst wirkt es, als wollten Sie allein mit Ihrem Aussehen auftrumpfen. Üblich sind hochformatige Fotos, aber auch eine gelungene Porträtaufnahme im Querformat ist durchaus akzeptabel. Das Bewerbungsfoto kann schwarzweiß oder farbig sein und die Größe liegt am besten zwischen 4,5 × 6,5 cm und 6 × 9 cm.

Achtung: Das Foto gehört nicht auf das Anschreiben.

Platzierung

Der klassische Platz für das Bewerbungsbild ist die erste Seite des Lebenslaufs, neben Ihren persönlichen Daten. Das Foto gehört nicht auf das Anschreiben, Sie können aber alternativ ein ansprechendes Deckblatt für Ihre Bewerbung gestalten, auf dem Sie Ihr Foto sowie Ihre Adresse arrangieren.

Foto nicht festtackern oder mit einer Büroklammer anheften

Vermeiden Sie es – wenn Sie die Bewerbung per Post senden –, das Foto auf dem Lebenslauf festzutackern oder mit einer Büroklammer zu befestigen. Auch Fotoecken sind tabu. Fixieren Sie es am besten mit einem Klebe- oder Gummierstift. Wenn Sie einen Adhäsionskleber oder zweiseitiges Klebeband verwenden, können Sie das Foto später auch einfach wieder von der Papierunterlage lösen. Schreiben Sie vorsichtshalber Ihren Namen und Ihre Adresse auf die Rückseite des Fotos, damit der Empfänger es zuordnen kann, falls es sich lösen sollte.

Erlaubt sind aber auch ausgedruckte digitale Fotos, vorausgesetzt, Scan und Ausdruck haben eine gute Qualität.

Für eine Bewerbung ungeeignete Fotos

Verwenden Sie auf keinen Fall
- Automatenbilder,
- Handyfotos,
- Bilder, auf denen neben Ihnen noch andere Personen zu sehen sind,
- private Fotos, zum Beispiel Urlaubsbilder,
- biometrische Passbilder,
- Ganzkörperfotos,
- Scans oder Digitalfotos mit schlechter Auflösung oder Farbwiedergabe.

Die E-Mail-Bewerbung

Verwenden Sie auf eine E-Mail-Bewerbung ebenso viel Sorgfalt wie auf eine postalische Bewerbung.

Inhaltlich unterscheidet sich eine aussagekräftige E-Mail-Bewerbung kaum von einer klassischen Bewerbungsmappe, die Sie per Post versenden oder persönlich übergeben. Legen Sie deshalb die gleiche Sorgfalt an den Tag wie bei einer klassischen Mappenbewerbung. Auch eine E-Mail-Bewerbung können Sie als Initiativbewerbung versenden. Erkundigen Sie sich in diesem Fall vorher telefonisch nach dem richtigen Ansprechpartner und seiner persönlichen E-Mail-Adresse.

Die E-Mail-Bewerbung besteht aus folgenden Teilen:
- Einleitende E-Mail
- Anschreiben
- Lebenslauf mit Foto
- Anlagen, zu denen Zeugnisse, Nachweise sowie gegebenenfalls Referenzen und Arbeitsproben gehören

Eine E-Mail-Bewerbung muss kein Kunstwerk sein, sondern ein Dokument, das dem Empfänger möglichst übersichtlich mit wenigen Mausklicks alle nötigen Informationen über Sie als Bewerberin oder Bewerber liefert.

Ideal: die ganze Bewerbung in einer einzigen PDF-Datei

Am besten fügen Sie Ihrer E-Mail als Anhang eine PDF-Datei hinzu, welche die vollständige Bewerbung inklusive Anschreiben enthält. Im E-Mail-Text verweisen Sie auf das angehängte Bewerbungsdokument.
Das empfiehlt sich, weil viele Personalverantwortliche E-Mail-Bewerbungen speichern oder ausdrucken und zu den postalischen Bewerbungen legen, um sie zusammen damit bearbeiten zu können. Muss der Empfänger nur eine Datei aus dem Anhang speichern oder drucken, liegt ihm auf jeden Fall die komplette Bewerbung vor, selbst wenn er die E-Mail anschließend löscht.
Im Folgenden finden Sie die Einzelheiten zu jedem einzelnen Bestandteil Ihrer E-Mail-Bewerbung.

Die einleitende E-Mail

Der E-Mail-Text ist kurz, das ausführliche Anschreiben gehört in den Anhang.

Stellen Sie im Betreff den Bezug zur gewünschten Stelle her und geben Sie das Veröffentlichungsdatum der Stellenanzeige an, falls vorhanden. Halten Sie den Text Ihrer E-Mail möglichst kurz. Machen Sie dem Empfänger aber gleichzeitig Appetit, den Anhang mit dem Anschreiben und Ihren Bewerbungsunterlagen zu öffnen.

Sämtliche Kontaktdaten am Schluss der E-Mail aufführen

Am Ende steht die Signatur, die Ihre vollständigen Kontaktdaten enthält und meist als Textbaustein hinzugefügt wird. Sie darf bei einer E-Mail-Bewerbung nicht fehlen.

Bewerbung als Assistentin der Geschäftsführung, Ihre Stellenanzeige vom 20.02.2014 auf www.stepstone.de

Sehr geehrter Herr Dr. Müller,

gerade habe ich Ihre Stellenanzeige gelesen, und ich bin davon überzeugt: Für diese Stelle bin ich wie gemacht! Ihr Anforderungsprofil für die Assistentin der Geschäftsführung in Ihrem Unternehmen entspricht exakt meinen Qualifikationen.

Ich biete Ihnen unter anderem Folgendes:
– Mehrjährige Erfahrung als Assistentin des Vorstands
– Wirtschaftsenglisch in Wort und Schrift
– Unterstützung bei operativen und strategischen Themen

– Stilsicherheit in Sachen Korrespondenz
– Professionalität in allen Programmen von Microsoft Office

Im Anhang dieser E-Mail finden Sie alle Details zu meinen beruflichen Stationen und meiner Qualifikation als professionelle Assistentin.

Ich würde mich sehr freuen, bald von Ihnen zu hören.

Mit freundlichen Grüßen

Susanne Schmidt

Birkenstraße 2a
80336 München

Tel.: 089 123456
Fax: 089 123457

E-Mail: s.schmidt@gmx.de

Ihre Stellenanzeige vom 20.01.2014 auf www.monster.de, Sachbearbeiter im Rechnungswesen

Sehr geehrte Frau Weese,

herzlichen Dank für das angenehme Telefongespräch, das ich mit Ihnen führen durfte. Wie versprochen sende ich Ihnen gleich heute meine Bewerbungsunterlagen per E-Mail.

Die von Ihnen geforderten Qualifikationen für die Aufgabe als Sachbearbeiter im Rechnungswesen bringe ich mit, weil ich während meiner gesamten bisherigen beruflichen Laufbahn erfolgreich in der Buchhaltung tätig war.

Ich freue mich auf eine neue Herausforderung, bei der ich sowohl meine Stärken im kaufmännischen Bereich als auch meine ausgeprägte Kunden- und Dienstleistungsorientierung einbringen darf.

Eine detaillierte Zusammenstellung meines beruflichen Werdegangs und meiner Qualifikationen finden Sie im Anhang dieser Mail.

Gern beantworte ich in einem Vorstellungsgespräch weitere Fragen. Über eine Einladung würde ich mich sehr freuen.

Mit freundlichen Grüßen

Herbert Söhnges
Hohenlohestr. 19
20095 Hamburg

Tel.: 040 123456
Fax: 040 123457
E-Mail: herbert.söhnges@web.de

E-Mail-typische Nachlässigkeiten vermeiden

Achten Sie auch bei der E-Mail unbedingt auf korrekte Rechtschreibung und Grammatik. Durchgängige Kleinschreibung, wie sie lange in privaten E-Mails üblich war, verbietet sich bei Bewerbungen. Zu den gängigen Standards gehören außerdem eine höfliche, persönliche Anrede, ein ausformulierter Text und eine Grußformel ohne die im elektronischen Schriftverkehr weitverbreiteten Abkürzungen wie etwa »MfG« statt »Mit freundlichen Grüßen«. Auch ein »Hallo« als Anrede verbietet sich.

Anschreiben und Lebenslauf

Worauf Sie inhaltlich bei Anschreiben und Lebenslauf achten müssen, finden Sie im Kapitel »Grundlagen für Anschreiben und Lebenslauf«. Berücksichtigen Sie, dass Ihre Kontaktdaten inklusive Ihrer E-Mail-Adresse nicht nur in die Signatur der einleitenden E-Mail gehören. Auch im Anschreiben und im Lebenslauf sollten Sie sie unterbringen. Selbst wenn der Empfänger die ursprüngliche E-Mail gelöscht und nur den Bewerbungsanhang abgespeichert hat, muss er in der Lage sein, Ihre Kontaktdaten zu finden. Für das Anschreiben und den Lebenslauf gelten formal und inhaltlich dieselben Empfehlungen wie bei der klassischen Mappenbewerbung.

Unterschrift als Scan einfügen oder stattdessen den Namen in Kursivschrift tippen

Lediglich auf die persönliche Unterschrift müssen Sie verzichten. Sie können stattdessen einen Unterschriftenscan als kleine Bilddatei einfügen. Falls Ihre Bewerbungsdatei damit zu umfangreich wird, setzen Sie Ihren Namenszug einfach in Kursivschrift unter Anschreiben und Lebenslauf.

Auflösung des Fotos: 72 bis 150 dpi

Das Bewerbungsfoto

Die ideale Auflösung für Ihr digitales Bewerbungsfoto liegt bei 72 bis 150 dpi. Lassen Sie sich die Fotos von Ihrem Fotografen im Dateiformat JPG erstellen. Dieses Format kann mit allen gängigen Programmen in jede Textdatei eingebunden werden. Senden Sie das Foto nicht als separate Datei, sondern integrieren Sie es in Ihren Lebenslauf.

Anlagen als Scans beifügen

Anlagen: Was wirklich zur Bewerbung gehört

Zu Ihrer E-Mail-Bewerbung gehören die Nachweise für Ihre Qualifikationen, die Sie als Scans in den Anhang Ihrer Bewerbung integrieren. Hängen Sie aber nur die wichtigsten Dokumente an. Denn Personalverantwortliche sind wenig begeistert davon, wenn ihr E-Mail-Postfach durch riesige Datenmengen blockiert wird. Das Einscannen ist mit jedem handelsüblichen Scanner, der zugehörigen Software und einem modernen Betriebssystem möglich. Neuere Scanner können sogar direkt PDFs erstellen. Wählen Sie eine Auflösung zwischen 72 und 150 dpi.

Achten Sie beim Einscannen auf eine einwandfreie Qualität. Schiefe oder auf dem Kopf stehende und schlecht lesbare Dokumente machen einen schlechten Eindruck und strapazieren die Geduld des Personalers. Der will auf einen Blick Ihre wichtigsten Qualifikationen erfassen, und zwar in der Reihenfolge, die Sie auch in Ihrem Lebenslauf gewählt haben.

Abschlusszeugnisse und Weiterbildungszertifikate

Was die Schulzeugnisse anbelangt, genügt dasjenige, das den höchsten allgemeinbildenden Abschluss belegt, zum Beispiel das Zeugnis über die mittlere Reife oder das Abitur. Wenn Sie ein Studium abgeschlossen haben, so gehört dieses Zeugnis auf jeden Fall in Ihre Bewerbung. Falls Sie promoviert sind, fügen Sie auch diese Urkunde an. Welche Ausbildungen haben Sie absolviert? Ergänzen Sie Ihren Anhang mit den betreffenden Zeugnissen. Haben Sie bestimmte Berufskenntnisse durch Weiterbildungen erworben? Dann gehören Teilnahmezertifikate oder Abschlusszeugnisse ebenfalls dazu. Beschränken Sie sich jeweils auf die anspruchsvollste Qualifikation. Falls Sie also zum Beispiel zwei Fachkurse in Ihrem Berufsfach belegt haben, einen Grundkurs und einen Aufbaukurs, dann fügen Sie lediglich den Nachweis über den Aufbaukurs bei.

Nur Nachweise, die den aktuellen Stand belegen

Sinnvoll sind nur Nachweise über aktuelles, außergewöhnliches Wissen. Solche über technisches Wissen zum Beispiel, das heute als veraltet gilt oder als selbstverständlich vorausgesetzt wird, können Sie weglassen.

Schriftliche Referenzen in Kopie beilegen

Fügen Sie auch schriftliche Referenzen hinzu. Auf die Möglichkeit, mündliche Referenzen einzuholen, können Sie im thematischen Anhang Ihres Lebenslaufs verweisen.

Arbeitszeugnisse, Bestätigungen und Arbeitsproben

Schlechte Arbeitszeugnisse nicht einfach weglassen

Gerade bei Arbeitszeugnissen machen viele Bewerber den Fehler, schlechtere Beurteilungen einfach wegzulassen. Hier ist aber Vorsicht geboten: Aus einem fehlenden Arbeitszeugnis zieht ein erfahrener Personalverantwortlicher sofort seine Schlüsse:

- Das Zeugnis ist wirklich schlecht (und zwar sehr schlecht).
- Der Bewerber hat im Lebenslauf unzutreffende Angaben gemacht, was Dauer, Art und Tätigkeitsgebiet bei der betreffenden Stelle angeht (sonst hätte er sie durch ein Zeugnis belegt).
- Dem Bewerber wurde fristlos gekündigt und das ist aufgrund des ungewöhnlichen Kündigungsdatums im Zeugnis leicht ersichtlich.

Beleg für Erfahrung/ Qualifikationen

Haben Sie in Zeiten ohne feste Anstellung (zum Beispiel in der Arbeitslosigkeit, in Erziehungszeiten oder während der Pflege eines Angehörigen) Aushilfstätigkeiten über-

nommen? Dann fügen Sie Ihrer Bewerbung die entsprechenden Nachweise hinzu. Damit belegen Sie, dass Sie – trotz Widrigkeiten – immer bereit waren, zu arbeiten. Arbeitsproben brauchen Sie nur dann mitzusenden, wenn sie ausdrücklich in der Stellenausschreibung gefordert sind. Sind sie jedoch in der Branche üblich (zum Beispiel in künstlerischen Berufen wie Grafikdesign), sollten Sie zumindest eine davon immer beifügen.
Ansonsten bieten Sie an, Ihre Arbeitsproben nachzureichen. Dazu fügen Sie – im Anschluss an Ihre Zeugnisse – ein Dokument ein, das eine Auflistung Ihrer vorhandenen Arbeitsproben enthält, mit dem Hinweise, diese auf Wunsch separat zu senden.

Bewerbungs-PDF im Anhang

Viele Personalverantwortliche beklagen, dass sie unvollständige und fehlerhafte E-Mail-Bewerbungen erhalten. Oft wird von den Bewerbern zu wenig Sorgfalt auf die Rechtschreibung und auf lückenlose und chronologisch aufgebaute Informationen verwandt. Mängel gibt es vor allem bei der Formatierung und bei den Datenvolumen. Und häufig sind die Datenmengen im Anhang viel zu groß.
Integrieren Sie deshalb sämtliche Dokumente, die zu Ihrer Bewerbung gehören, in eine einzige Datei. Kein Personalverantwortlicher ist glücklich über eine E-Mail, an die zehn oder noch mehr Dateien angehängt sind. Denn er muss diese Dateien alle einzeln öffnen und speichern oder ausdrucken, was unnötig viel Zeit kostet.

Verwenden Sie nur PDFs im Anhang und keine anderen Dateitypen.

Allgemein anerkannt und auf allen Rechnern lesbar ist das PDF-Format. In ein solches PDF sollten Sie Ihre Bewerbung umwandeln. Diese Dateien sind auf jeden Fall frei von Viren und lassen sich im Nachhinein nicht ohne Weiteres verändern. Alle Formatierungen, die Sie vor der Umwandlung ins PDF-Format vorgenommen haben, bleiben erhalten.

Auch mit Freeware aus dem Internet lassen sich PDF-Dokumente erstellen.

Es gibt diverse Programme zum Erzeugen von PDFs. Damit können Sie aus den verschiedenen Dokumenten, die zu Ihrer Bewerbung gehören, ein einziges PDF erstellen, das Sie an Ihre E-Mail anhängen. Drucken Sie die Dokumente aus Ihrer PDF-Datei aus und prüfen Sie, ob sie sich ohne Weiteres ausdrucken lassen und richtig formatiert sind.

Programme zur PDF-Erstellung

Das Standardprogramm zum Erstellen von PDF-Dateien ist das kostenpflichtige Adobe Acrobat professionell. Mit dem kostenlosen Adobe Reader kann man PDFs nur lesen. Daneben bieten sich Freewareprogramme wie etwa PDF Creator oder Free PDF an. Diese und weitere Software zur PDF-Erstellung finden Sie, indem Sie in eine Suchmaschine die Begriffe »PDF erstellen« oder »Create PDF« eingeben.

Nicht beliebt bei Unternehmen sind Word- oder Excel-Dateien, weil sie beim Übertragen oft die Formatierung verlieren und Viren enthalten können. Ebenso wenig eignen sich HTML-, BMP-, EPS- oder ZIP-Dateien (komprimierte Dateien). Viele Personaler können diese Formate nicht öffnen, andere erhalten sie erst gar nicht, weil in ihren Unternehmen E-Mails mit solchen Anhängen in Spamordner verschoben werden.

Reihenfolge beachten

Die korrekte Reihenfolge

Ordnen Sie die einzelnen Dateien innerhalb des PDF-Dokuments in der richtigen Reihenfolge an. Nach dem Anschreiben folgt der Lebenslauf mit Foto, zum Schluss kommen die Anlagen, wobei Sie diese zunächst nach Themenfeldern sortieren: Arbeitszeugnisse, Ausbildungszeugnisse, Aus- und Weiterbildungszertifikate, Schulzeugnisse, Arbeitsproben und gegebenenfalls Referenzen. Innerhalb dieser Blöcke nehmen Sie die Anlagen chronologisch in Ihr PDF-Dokument auf – die jüngsten Dokumente zuerst. Wenn das PDF-Dokument mehrere Seiten lang ist, empfiehlt es sich, ein Deckblatt mit einer Inhaltsangabe voranzustellen.

Ein eindeutiger Name

Bewerbungsdatei eindeutig benennen

Geben Sie Ihrer Bewerbung einen eindeutigen Dateinamen. Darin sollten möglichst das Wort »Bewerbung« – bei Bedarf abgekürzt – und Ihr Name auftauchen, eventuell ergänzt durch die angestrebte Position.

Eindeutiger Dateiname
Bewerbung_Assistentin_Susanne_Schmidt.pdf.

Maximalgröße der Datei

Falls Sie mit einer PDF-Datei überhaupt nicht auskommen, beschränken Sie sich zumindest auf drei Dateien im Anhang. Mehr können Sie dem Empfänger auf keinen Fall zumuten.

Höchstens 2 MB darf der Anhang haben.

Ihre Bewerbung sollte die Dateigröße von 2 MB nicht überschreiten, sonst hat der Empfänger womöglich Probleme, sie zu empfangen. Prüfen Sie unter »Datei« → »Eigenschaften« oder in Ihrem Dateimanager, wie groß Ihre Datei ist. Den größten Einfluss auf die Dateigröße hat die Auflösung, die Sie beim Scannen Ihrer Dokumente gewählt haben. Etwas Speicherplatz lässt sich auch sparen, wenn Sie ein Schwarz-Weiß-Foto statt eines Farbfotos verwenden und auf Unterschriftenscans verzichten.

Tipps zum Versand von E-Mail-Bewerbungen

Bevor Sie Ihre Bewerbung tatsächlich versenden, sollten Sie noch einige Punkte beachten.

Seriöse E-Mail-Adresse verwenden

Am besten sind Adressen nach dem Schema: vorname.name@anbieter.de.

Denken Sie daran, dass sich für eine elektronische Bewerbung nur eine seriöse E-Mail-Adresse eignet. Auf keinen Fall sollte ein Spitzname oder Kosename darin auftauchen. Karinmausi@musterweb.de wäre also ebenso wie Der-Peter-und-die-Ute@beispielmail.de ungeeignet. Das gilt übrigens auch für die E-Mail-Adresse, die Sie auf einer postalischen Bewerbung angeben.
Für eine Bewerbung aus ungekündigter Stellung heraus verbietet sich der Gebrauch Ihrer dienstlichen E-Mail-Adresse, die Ihr aktueller Arbeitgeber für Sie eingerichtet hat. Sonst liegt der Verdacht für den Empfänger nahe, Sie verwenden Ihre Arbeitszeit dazu, sich anderswo zu bewerben. Das erweckt keinen guten Eindruck. Legen Sie sich für Ihre Bewerbungen lieber eine neue neutrale E-Mail-Adresse bei einem der gängigen Freemail-Anbieter an.

E-Mail-Format wählen

Versenden Sie Ihre E-Mail im Nur-Text-Format.

Die E-Mail selbst versenden Sie am besten im Nur-Text- und nicht etwa im HTML-Format. Denn nicht jeder Empfänger kann solche HTML-Mails von seinem E-Mail-Programm auch einwandfrei darstellen lassen. Wenn möglich, stellen Sie in Ihrem Mailprogramm den Nur-Text-Versand ein, damit umgehen Sie Schwierigkeiten von vornherein. Das Format lässt sich meist unter dem Menüpunkt »Optionen« oder »Extras« → »Optionen« einstellen.

Testversand starten

Schicken Sie zunächst eine Probeversion an sich selbst.

Bevor Sie Ihre Bewerbungs-E-Mail mit PDF-Anhang an den Empfänger schicken, senden Sie sie zunächst an sich selbst oder an eine Person Ihres Vertrauens. Damit prüfen Sie, ob die E-Mail so ankommt, wie Sie sich das vorgestellt haben. Erst wenn Sie sich von der Vollständigkeit und Korrektheit überzeugt haben, schicken Sie die E-Mail-Bewerbung an den richtigen Empfänger.

Empfangsbestätigung ausschalten

Empfangsbestätigung deaktivieren

Bei den meisten E-Mail-Programmen können Sie eine Empfangsbestätigung anfordern. Allerdings sind Personalverantwortliche davon wenig begeistert. Auf keinen Fall sollten Sie den Empfänger um eine manuelle Bestätigung bitten, denn dann muss er persönlich mit einem Mausklick bestätigen, dass er die Mail auch wirklich erhalten hat. Das kann ihm bei einer Vielzahl eingehender E-Mail-Bewerbungen schnell zur Last fallen. Wenn Sie auf eine Bestätigung nicht verzichten wollen, dann ist die automatische Empfangsbestätigung die bessere Variante. Da aber nicht alle E-Mail-Programme so eingestellt sind, dass sie automatisch Empfangsbestätigungen versenden, fordern Sie unter Umständen doch noch per Rückfrage das Einverständnis des Empfängers ein. Eine gute Alternative zur Empfangsbestätigung ist der Versand an sich selbst.

Bewerbung »Bcc« an sich selbst senden

Setzen Sie Ihre eigene E-Mail-Adresse in das Feld »Bcc«. Das steht für »Blind Carbon Copy« und bedeutet »Blindkopie«. So ist Ihre Adresse für das Unternehmen, bei dem Sie sich bewerben, unsichtbar. Sie sehen aber in Ihrem Posteingang, ob, wann und in welchem Zustand Ihre E-Mail tatsächlich versandt worden ist. Die hundertprozentige Garantie, dass Ihre E-Mail tatsächlich beim richtigen Empfänger angekommen ist, haben Sie dann zwar immer noch nicht. Zumindest wissen Sie aber, dass beim Versenden nichts schiefgelaufen ist.

Nicht die gleiche Bewerbung per E-Mail an zig Empfänger senden

Individuelle E-Mails schreiben

Versenden Sie keine Massenbewerbungen. Auch wenn es sehr leicht ist, dieselbe E-Mail an viele Empfänger gleichzeitig zu versenden – sinnvoll ist es nicht. Massen-E-Mails bleiben oft im Spamfilter des Empfängers hängen, der gerade Mails mit vielen Empfängern automatisch aussortiert. Außerdem hat auch Ihre E-Mail-Bewerbung nur eine Chance, wenn Sie sie individuell auf den jeweiligen Empfänger abstimmen. Copy-and-paste-Bewerbungen sind für Personalverantwortliche schnell zu erkennen und landen direkt im digitalen Papierkorb.

Speichern Sie jede einzelne Bewerbungsversion separat ab.

Bewerbung speichern

Speichern Sie jede einzelne Bewerbung ab, die Sie versendet haben. Werden Sie später zu einem Vorstellungsgespräch eingeladen, können Sie einsehen, was genau Sie diesem Arbeitgeber geschrieben haben. Denn die einzelnen Bewerbungen können – und sollten – sich durchaus voneinander unterscheiden. Es kommt darauf an, welche Gewichtung Sie im Hinblick auf die gewünschte Stelle bei Ihren Fähigkeiten und Neigungen und bei den einzelnen Stationen in Ihrem Lebenslauf vorgenommen haben.
Wichtig: Werfen Sie täglich einen Blick in Ihren E-Mail-Eingang, um zeitnah auf eine Rückmail des potenziellen Arbeitgebers reagieren zu können.

Die Bewerbung per Onlineformular

Manche Arbeitgeber und Onlineportale geben standardisierte Bewerbungsformulare vor.

Rund ein Drittel aller digitalen Bewerbungen werden über Onlineformulare eingereicht. Dies sind standardisierte Eingabeformulare, die von

- Arbeitgebern, vor allem von Großunternehmen, und
- Onlinestellenportalen

angeboten werden.

Automatisierte Vorauswahl von Bewerbern

Aus Sicht der potenziellen Arbeitgeber haben solche Onlineformulare vor allem unter Zeit- und Kostengesichtspunkten erhebliche Vorteile.
Aus Sicht der Bewerber sieht das anders aus. Per Onlineformular bewerben sich stets sehr viele Stellensuchende, die Konkurrenz ist also groß. Es kann durchaus sein, dass Ihre Bewerbung in der Flut anderer Einträge regelrecht untergeht. Das gilt es, zu vermeiden.

Trotzdem: Wenn ein Unternehmen diese Form der Bewerbung anbietet, sollten Sie sich unbedingt an diese Vorgabe halten. Denn andere Bewerbungsformen werden in der Regel gleich aussortiert.

Datensicherheit prüfen

Bevor Sie einen Eintrag vornehmen, sollten Sie prüfen, ob Sie dem Anbieter in Sachen Datenschutz vertrauen können:

- Macht der Anbieter Angaben dazu, wer auf Ihre Bewerberdaten zugreifen darf und wer nicht?
- Erfahren Sie im Vorfeld, was mit Ihren Daten geschieht, wie lange sie gespeichert, wie sie ausgewertet und wann sie gelöscht werden?
- Haben Sie selbst die Chance, Ihre Einträge später anzusehen, zu ändern oder zu löschen?
- Können Sie als Bewerber Sperrvermerke eingeben, um beispielsweise zu verhindern, dass Ihr momentaner Arbeitgeber, von dem Sie sich wegbewerben, Ihren Eintrag findet?
- Ist sichergestellt, dass sich Ihr Profil nicht einfach über eine Suchmaschine finden lässt, wenn jemand Ihren Namen eingibt?

Falls Sie Zweifel daran haben, dass diese Sicherheitsstandards eingehalten werden, sollten Sie von einem Eintrag in einem Onlineformular absehen.

Tipps zum Ausfüllen

Beschränken Sie sich auf das Notwendigste.

Die Formulare, die Unternehmen für Bewerberinnen und Bewerber online stellen, sind sehr unterschiedlich aufgebaut. Eine Reihe von Unternehmen bieten an, sich über einen Jobassistenten zu registrieren beziehungsweise ein Benutzerkonto anzulegen. Dort kann der Bewerber seine Daten in einem geschützten Bereich bearbeiten, bevor er die Bewerbung aktiviert und für die Personalabteilung des

Unternehmens sichtbar macht. Die Bewerbungen sind nicht immer nur auf eine spezifische Stelle zugeschnitten, sondern werden häufig allen Bereichen des Unternehmens zur Verfügung gestellt. Auf diese Weise bauen sich die Unternehmen einen eigenen Bewerberpool auf.
Andere Onlinebewerbungsformulare fragen lediglich grundsätzliche Daten ab, wie zum Beispiel Bildungsweg, Branche, Funktion. Der Bewerber kann an dieses kurze Formular ein Anschreiben, seinen Lebenslauf und Zeugnisse anhängen, in denen seine entscheidenden Qualifikationen festgehalten sind.
Oder der Bewerber wird Schritt für Schritt von Frage zu Frage geführt. Neben Klappmenüs, über die er bestimmte Antwortmöglichkeiten anklicken kann, gibt es zusätzlich eine Reihe von Freitextfeldern, in denen er seine Stärken und Interessen beschreiben soll.

Persönliche Daten

Zu Beginn werden Sie in der Regel aufgefordert, Ihre persönlichen Daten einzugeben: Name, Adresse, Geburtsdatum und -ort, Telefonnummern und E-Mail-Adresse. Geben Sie nur die Kontaktdaten heraus, unter denen Sie auch für einen Personalberater oder potenziellen Arbeitgeber erreichbar sein möchten. Ansonsten halten Sie sich lieber bedeckt.

Keine private Internetadresse angeben

Nicht selten wird nach Ihrer persönlichen Website gefragt. Die Angabe kann jedoch heikel sein, vor allem, wenn Sie Ihre Website ausschließlich für private Zwecke betreiben. Dann verzichten Sie auf die Angabe Ihrer Internetadresse, oder Sie verschlüsseln diese. Die privaten Bilder und Texte, die Sie dort veröffentlichen, gehen Arbeitgeber nichts an. Nur wenn Sie eine wirklich gute Website oder ein Weblog zu einem Fachthema betreiben, kann die Angabe nützlich sein.

Inhaltliche Fragen möglichst vollständig beantworten

Fragen zu Ihren Qualifikationen

Bei allen inhaltlichen Fragen sollten Sie größten Wert auf eine vollständige Antwort legen. Meist haben Sie zunächst die Möglichkeit einzugeben,

- auf welche Stelle Sie sich bewerben,
- in welchem Unternehmensbereich Sie tätig werden möchten und
- für welchen Standort Sie sich interessieren.

Dann werden Sie Frage für Frage durch das Onlineformular geleitet. Von »perfekt« über »verhandlungssicher« bis hinunter zu »Grundkenntnisse« können Sie in Auswahlmenüs angeben, was auf Sie zutrifft. Seien Sie hier nicht zu bescheiden. Kreuzen Sie lieber eine Stufe höher an, wenn Sie sich nicht ganz sicher sind. Sonst werden Sie vielleicht sogar wegen eines Kriteriums aussortiert, obwohl Sie diese kleine Schwäche im Vorstellungsgespräch durch andere Stärken leicht hätten ausbügeln können.

Bei Freitexteingabe genügen meistens Stichworte.

Fragen, die eine Freitexteingabe vorsehen, beziehen sich üblicherweise auf Ihre Kenntnisse, Erfahrungen und Fähigkeiten. Überzeugen Sie mit Höflichkeit und reden Sie die unbekannten Leser Ihres Onlineformulars im ersten Freitextfeld mit »Sehr geehrte Damen und Herren« an. Im letzten Feld schließen Sie mit der Formel »Freundliche Grüße« und Ihrem vollständigen Namen.

Formulieren Sie den Text in den Freitextfeldern präzise, und beschränken Sie sich auf die zentralen Informationen. Entscheidend ist hier wie in jeder Bewerbung, dass Sie nicht all Ihre Kenntnisse, Erfahrungen und Fähigkeiten aufzählen, sondern vor allem diejenigen, die im Hinblick auf die gewünschte Stelle wichtig sind.

Schlüsselbegriffe gebrauchen

Bei der Stichworteingabe und in den Texten sind keine außergewöhnlichen Formulierungen gefragt. Es müssen vor allem die richtigen Schlüsselbegriffe (»Keywords«) vorkommen. Der größte Vorteil solcher Onlineformulare ist, dass jeder Personalverantwortliche, der passende Bewerberprofile sucht, sich diese durch die Eingabe weniger Schlüsselbegriffe aufrufen kann.
Gebrauchen Sie daher gängige Schlagwörter für Ihre Fähigkeiten, Kenntnisse und Erfahrungen, bevor Sie eine genauere Erklärung ergänzen. Vermeiden Sie ungewöhnliche Wörter, die bei einer Suche vermutlich nicht benutzt werden. Statt »Es fällt mir nicht schwer, mit anderen zusammenzuarbeiten« verwenden Sie lieber das Schlagwort »Teamfähigkeit«, weil es sich besser als Suchbegriff eignet. Schlagen Sie ruhig in einem Synonymwörterbuch nach.

Beim Werdegang Stationen der Ausbildung und des Berufslebens eingeben

Fragen zum Werdegang

Die meisten Anbieter fragen Sie nach Ihren beruflichen Erfahrungen: Halten Sie sich bei Formaten und Formulierungen so eng wie möglich an Ihren Lebenslauf. Zur ausgeübten Funktion ergänzen Sie – wie im Lebenslauf – idealerweise eine kurze Erläuterung über Ihr damaliges Aufgabengebiet.

Angaben zum Werdegang
Personalsachbearbeiterin, Aufgabenschwerpunkte in der Vertragserstellung und Gehaltsabrechnung mit SAP R/3.

Fragen zur Motivation

Inhaltlich finden Sie bei einem Onlinebewerbungsformular viele Parallelen zu einer postalischen oder E-Mail-Bewerbung. In aller Regel wird auch nach Ihrer Motivation für die Bewerbung und die angestrebte Position gefragt.

Mit dieser Frage will der potenzielle Arbeitgeber prüfen, ob Sie sich mit dem Stellenprofil auseinandergesetzt haben und wie viel Engagement Sie mitbringen. Gehen Sie die Anforderungen Punkt für Punkt durch.
Schreiben Sie, was Sie an der beschriebenen Tätigkeit reizt und welche Aufgaben Sie besonders gern übernehmen würden.

Zeigen Sie, dass Sie sich mit dem betreffenden Arbeitgeber befasst haben.

»Warum ausgerechnet wir?«

Rechnen Sie bei Bewerbungsformularen von Arbeitgebern mit der Frage, warum Sie sich bei der betreffenden Firma, Institution oder Behörde bewerben.
Worauf ist dieser Arbeitgeber stolz, wofür ist er bekannt? Vielleicht handelt es sich ja um ein besonders innovatives Unternehmen. Womöglich bürgen die Markenprodukte, die es herstellt, für eine besonders hohe Qualität, die Firma steht für eine bestimmte Tradition oder sie hat sich in Sachen sozialer Verantwortung oder Umweltbewusstsein einen Namen gemacht.
Wenn Sie schreiben, dass Sie sich auch aus einem dieser Gründe speziell bei der betreffenden Firma bewerben, heben Sie sich von den Mitbewerbern ab. Denn Sie zeigen: Sie haben sich intensiv mit dem potenziellen Arbeitgeber beschäftigt und wissen, warum Sie gern dort arbeiten möchten.

Hobbys können Sie ruhig angeben.

Hobbys

Auch nach Hobbys wird oft gefragt. Selbstverständlich müssen Sie nicht jede Frage nach Ihrer persönlichen Lebensführung beantworten. Erwähnen Sie aber zumindest die Hobbys, die Schlüsse auf bestimmte Fähigkeiten zulassen, etwa die Tätigkeit als Handballtrainerin, die auf Führungsfähigkeit und pädagogisches Geschick schließen lässt.

Sorgfalt bei der Dateneingabe

Ausgefüllte Onlineformulare von Bewerbern haben für die Personalverantwortlichen der Unternehmen die gleiche Wertigkeit wie E-Mail-Bewerbungen und klassische Mappenbewerbungen. Das heißt: Sie werden genauso akribisch geprüft. Lassen Sie deshalb besondere Sorgfalt walten.

- Beziehen Sie sich genau auf die ausgeschriebene Stelle (sofern es sich nicht um eine Initiativbewerbung handelt).
- Achten Sie vor allem darauf, dass die Rechtschreibung korrekt ist und bei Freitexteingaben die Grammatik stimmt.
- Halten Sie die grundsätzlichen Regeln der Korrespondenz ein. Das heißt: Schreiben Sie – wenn möglich – wie bei jeder schriftlichen Bewerbung eine höfliche Anrede und eine vollständige Grußformel. Verwenden Sie keine Abkürzungen.
- Formatieren Sie Ihre Eingabe nicht, zum Beispiel mit Aufzählungszeichen. Von der Bearbeitungssoftware der Personalabteilung werden viele dieser Zeichen nicht erkannt. Die Folge ist, dass Ihre Eingaben umformatiert werden und das Schriftbild durcheinandergerät, was keinen guten Eindruck hinterlässt.
- Füllen Sie Onlineformulare immer vollständig aus. Lassen Sie keine Fragen oder Felder aus. Falls Ihr Ausbildungsabschluss oder Ihr Spezialisierungsbereich in einem Klappmenü nicht exakt wiedergegeben wird, wählen Sie die Bezeichnung, die am nächsten kommt. Denn bei fehlenden Angaben laufen Sie Gefahr, dass Ihre Bewerbung von der Software automatisch aussortiert wird.
- Bearbeiten Sie Ihre Onlinebewerbung zunächst im Offline-Modus, um nicht eine unvollständige Bewerbung durch einen unbedachten Klick unwiderruflich abzuschicken. Lesen Sie alles mehrmals sorgfältig Korrektur oder lassen Sie Ihre Angaben noch von einer zweiten Person prüfen. Gehen Sie erst dann online und auf »Senden«.
- Beschränken Sie sich bei Freitextfeldern auf die notwendigen Angaben. Das heißt, betonen Sie hier Ihre Stärken in Bezug auf die zentralen Anforderungen der Stellenanzeige. Nutzen Sie möglichst alle wichtigen Schlüsselbegriffe aus der Stellenanzeige. Denn oft

durchsucht die Software Bewerbungen auf diese Schlüsselbegriffe hin und sortiert Bewerbungen aus, die sie nicht enthalten. Achten Sie darauf, dass Sie nicht Aussagen wiederholen, die schon in einem Dokument stehen, das Sie per Anhang mitliefern wollen.

Tipps zum Hochladen von Dokumenten

Viele Onlineformulare verlangen, dass Sie als Bewerber bestimmte Dokumente hochladen. Das sind dann auf jeden Fall Scans Ihrer Zeugnisse über Schulbildung, Berufsausbildung beziehungsweise Studium und bisherige Arbeitsstellen.

Anschreiben und Lebenslauf genauso sorgfältig erstellen wie bei einer E-Mail-Bewerbung

Häufig wird sogar das Hochladen von Anschreiben und/ oder Lebenslauf verlangt. Orientieren Sie sich bei der Gestaltung von Anschreiben und Lebenslauf inhaltlich und formal an den allgemeinen Empfehlungen für schriftliche Bewerbungen. Hier wird sich zwangsläufig einiges wiederholen, was Sie schon in die Eingabefelder des Onlineformulars geschrieben haben. Das ist beabsichtigt und es wirkt sich nicht nachteilig aus, selbst wenn Sie wortgleiche Formulierungen verwenden sollten. Achten Sie aber darauf, dass Sie keine widersprüchlichen Angaben machen. Sonst wirkt Ihre Bewerbung schnell unglaubwürdig.

Üblich sind PDF-Dateien.

Es gibt keine einheitlichen technischen Standards für das Hochladen. Manche Onlineformulare lassen nur eine Datei zu, andere bis zu zehn. Einige akzeptieren nur das PDF-Format, andere lassen verschiedene Dateiformate zu. Wenn nichts anderes verlangt ist, laden Sie wie bei Ihrer E-Mail-Bewerbung eine einzige PDF-Bewerbungsdatei hoch.

Dateien aus Textverarbeitungen im RTF-Format speichern

Sind die einzelnen Felder zum Hochladen sachlich getrennt – etwa: »Laden Sie hier Ihren Lebenslauf hoch« –, speichern Sie die Dateien einzeln im PDF-Format ab und laden Sie auch einzeln hoch. Mehr zur Erstellung von PDF- Dateien finden Sie im Kapitel »Die E-Mail-Bewerbung«. Verlangt das Unternehmen Textverarbeitungsdateien, speichern Sie diese im RTF-Format ab. Der Vorteil von Dateien in diesem Rich-Text-Format besteht darin, dass sie frei von Viren sind. Unter dem Menübefehl »Speichern unter« finden Sie unter »Dateityp« auch dieses Format. Kontrollieren Sie nach dem Speichern das Aussehen Ihres RTF-Dokuments, indem Sie es schließen und gleich wieder öffnen. Einzelne Formatierungen könnten verändert und Zeilenumbrüche könnten verschoben sein.

Die Dateigröße ist meist auf 2 bis 4 MB beschränkt.

Üblich ist eine Beschränkung der Datenmenge pro Ladevorgang auf 2 bis 4 MB. An die vorgegebenen Grenzen sollten Sie sich halten, sonst riskieren Sie eine Fehlermeldung und den Abbruch durch das System.

Aussagekräftige Dateinamen verwenden

Verwenden Sie möglichst konkrete, kurze Dateinamen.

Sinnvolle Dateinamen
Anschreiben_richard_holzer.pdf
Lebenslauf_richard_holzer.pdf
Zeugnisse_richard_holzer.pdf

Versand

Vor dem Versenden sollten Sie Ihre Eingaben Korrektur lesen.

Bevor Sie Ihre Bewerbung senden, prüfen Sie Ihre Eingaben noch einmal sorgfältig daraufhin, ob sich Rechtschreib- und Grammatikfehler eingeschlichen haben. Sobald Sie Ihre Daten vollständig eingegeben und auf »Senden«, »Abschicken« oder »Bewerbung hochladen« geklickt haben, bekommen Sie meist eine Kopie Ihrer Bewerbung:

- Sie sehen dann am Bildschirm noch einmal Ihre gesamten Eingaben. Drucken Sie diese aus oder speichern Sie sie vollständig elektronisch ab, wenn das möglich ist.
- Alternativ erhalten Sie bei manchen Onlinebewerbungssystemen eine Bestätigungs-E-Mail, die ebenfalls eine Zusammenfassung Ihrer Eingaben enthält, oder einen Link, der auf Ihr Bewerberprofil führt.

Zugangsdaten speichern

Merken Sie sich unbedingt die Zugangsdaten zu Ihrem Bewerberprofil, mit denen Sie sich eingeloggt haben. Nur damit können Sie später noch auf Ihre Bewerbung zugreifen und – falls diese Möglichkeit überhaupt vorgesehen ist – Änderungen vornehmen oder die Bewerbung löschen.

Sonderfall: Onlineformulare auf Stellenportalen

Nicht immer lohnt es sich, das eigene Bewerberprofil auf einer Onlinestellenbörse einzugeben.

Neben den Firmenwebsites bieten auch verschiedene Karriereseiten, Jobbörsen und Stellenportale im Internet die Möglichkeit, ein Bewerberprofil anzulegen. Solche Portale erlauben Firmenvertretern – also vorwiegend Personalverantwortlichen und Headhuntern – einen Zugriff auf die gespeicherten Bewerberprofile, der dann für diese Nutzer kostenpflichtig ist. Für das Ausfüllen dieser Onlineformulare gelten dieselben Regeln wie für die Onlineformulare auf Firmenwebsites.

Nur geringe Erfolgsaussichten

Keine stellenspezifischen Angaben möglich

Für Sie als Bewerber ist der Eintrag zwar kostenlos, die Erfolgschancen sind aber auch eher gering. Zum einen können Sie ohne konkrete Angaben über ein Stellenprofil und einen Arbeitgeber keine spezifischen stellenbezogenen Angaben machen; zum anderen ist die Konkurrenz auf solchen Stellenportalen groß.
Am ehesten lohnt sich die Eingabe Ihres Bewerberprofils ins Onlineformular eines Stellenportals, wenn Sie über gefragte Qualifikationen verfügen, bei denen es wenig Konkurrenz gibt. Dann haben Sie Chancen, entdeckt zu werden.

Schlüsselbegriffe in Anzeigen suchen

Mit der Eingabe von Schlüsselbegriffen steigen die Chancen.

Gehen Sie beim Eintrag in Onlineformulare solcher Stellenportale so vor wie bei dem Bewerbungsformular auf einer Firmenwebsite. Wichtig ist die Eingabe von Schlüsselbegriffen (»Keywords«), nach denen Personalverantwortliche oder Headhunter vermutlich suchen. Am besten überlegen Sie sich, wie Ihre Traumstelle aussehen würde. Sammeln Sie Stellenanzeigen, die Ihrer Wunschposition am nächsten kommen. Notieren Sie die Schlüsselbegriffe, die darin besonders häufig vorkommen, und verwenden Sie in der Freitexteingabe genau diese Begriffe. Denn diese erleichtern es Interessenten, Ihr Bewerbungsprofil auch zu finden.

Wichtig: Aktualisieren Sie Ihre Einträge alle paar Wochen.

Legen Sie sich solche Bewerbungsvorgänge außerdem grundsätzlich auf Wiedervorlage, um regelmäßig zu überprüfen, ob Sie die Bewerbung aufrechterhalten möchten. Wenn ja, ist von Zeit zu Zeit eine Aktualisierung Ihres Eintrags nötig.

Das empfiehlt sich auch aus einem anderen Grund: Personalverantwortliche und Headhunter, die das jeweilige Stellenportal nutzen, sehen, wann Sie die letzte Änderung an Ihrem Bewerberprofil vorgenommen haben. Liegt sie zu lange zurück, vermuten sie, dass Sie gar nicht mehr als Bewerber zur Verfügung stehen. Eine solche Karteileiche wird niemand kontaktieren.

Zusätzlich: Der Eintrag in sozialen Netzwerken

Viele Headhunter suchen auch in sozialen Netzwerken wie zum Beispiel XING.

Neben einem Bewerberprofil bei Onlinestellenbörsen sind Einträge in sozialen Netzwerken wie XING oder LinkedIn empfehlenswert. Dort finden Sie zwar keine Onlinebewerbungsformulare, haben aber die Möglichkeit, Ihre Qualifikationen und Ihren Werdegang darzustellen. Geben Sie in Ihrem Profil zum Beispiel den Status ein: »Suche neue Herausforderung«. Das ist natürlich nur möglich, wenn Sie arbeitssuchend und nicht gleichzeitig noch bei einem Arbeitgeber tätig sind, der über eine solche Botschaft schnell erfahren würde, dass Sie sich nach einem neuen Arbeitsplatz umschauen. Nicht wenige Personalverantwortliche und -vermittler schauen sich regelmäßig auf solchen Seiten um und können Sie so als qualifizierten Mitarbeiter entdecken.

Die Bewerbungshomepage

Kein Personalverantwortlicher erwartet eine Bewerbungshomepage.

Auf einer Bewerbungshomepage stellen Sie übersichtlich alle Fakten über sich zusammen, die in beruflicher Hinsicht von Belang sind. Wenn Sie keine Homepage haben, sind Sie damit allerdings nicht im Nachteil. Niemand, der Bewerber rekrutiert und auswählt, erwartet, dass Sie eine eigene Bewerbungshomepage haben.

Wann eine Bewerbungshomepage empfehlenswert ist

Einmal erstellen – immer wieder nutzen

Die Vorteile einer Bewerbungshomepage:

- Sie machen sich einmal die Mühe und erstellen eine Bewerbung in Form einer Website. Diese können Sie dann beliebig oft einsetzen. Dazu brauchen Sie nur den Link zu versenden.
- Sie können große Datenmengen unterbringen und brauchen sich – anders als bei E-Mail-Anhängen oder den Uploads bei Formularbewerbungen – kaum darum zu kümmern, welche Dateigröße etwa ein eingescanntes Zeugnis oder eine Arbeitsprobe hat.

Vielen Personalern sind Bewerbungshomepages zu umständlich.

Bewerbungshomepages haben aber auch viele Nachteile:

- Für Personalverantwortliche sind sie umständlich: Speichern und ausdrucken kostet Zeit, und auch die Auswertung sowie der Vergleich mit anderen Bewerbungen ist schwieriger als bei einer Bewerbung per E-Mail oder Onlineformular. Ein Personalverantwortlicher, der meist Hunderte von Bewerbungen erhält, macht sich selten die Mühe, noch die Homepages einzelner Bewerber anzuklicken.

Unspezifisch statt konkret

- Die Inhalte einer Bewerbungshomepage müssen allgemein bleiben, denn sie richten sich an mehrere potenzielle Arbeitgeber. Das wirkt – wie Massen-E-Mails – wenig überzeugend.

Auch der Datenschutz kann bei einer Bewerbungshomepage zum Problem werden.

- Aus Gründen des Datenschutzes ist eine Verschlüsselung beziehungsweise ein Passwortschutz unbedingt notwendig. Das aber macht es für Personalverantwortliche erneut komplizierter und damit unattraktiver.

Domain sichern

Vorgehen

Provider bieten für wenige Euro im Monat Speicherplatz im Internet. Dazu gehört eine Domain, also eine Internetadresse. Den Domainnamen sollten Sie sorgfältig auswählen. Darin taucht idealerweise Ihr vollständiger Name auf und nicht etwa nur Ihr Vorname. Sinnvoll ist außerdem ein Hinweis auf die Tatsache, dass es sich um eine Bewerbung handelt, zum Beispiel:

www.peter-mustermann.bewerbung.de
www.bewerbung-anita-beispielhofer.de
www.profil.peter.mustermann.de
www.anita-beispielhofer.profil.de

Website erstellen

Wenn Sie sich mit der Gestaltung von Websites auskennen, können Sie Ihre Homepage selbst programmieren, sonst beauftragen Sie einen Webdesigner.

Aufbau der Bewerbungshomepage

Alle Bestandteile einer Bewerbung gehören auch auf die Homepage.

Der Aufbau Ihrer Bewerbungshomepage unterscheidet sich nicht grundsätzlich von dem einer E-Mail-Bewerbung. Folgende Bestandteile sollte sie enthalten:

- Startseite
- Lebenslauf
- Zeugnisse
- Gegebenenfalls Arbeitsproben
- Druckversion
- Kontakt

Sorgen Sie für eine einfache Navigation.

Allgemeines Musteranschreiben

Sorgen Sie für Übersichtlichkeit, indem Sie diese Bestandteile entweder in einer Navigationsleiste unterbringen oder sie als Karteikartenreiter oben platzieren. Durch Anklicken sollte der Besucher schnell und einfach auf die Unterseiten gelangen. Auf die **Startseite** setzen Sie ein allgemeines Anschreiben. Darin machen Sie auf die verschiedenen Bestandteile Ihrer Bewerbung aufmerksam.

> Sehr geehrte Damen und Herren,
>
> herzlich willkommen auf meiner Bewerbungshomepage! Gern können Sie meinen Lebenslauf, meine Zeugnisse und meine Arbeitsproben herunterladen. Selbstverständlich können Sie sich meine Bewerbung auch als Druckversion im PDF-Format ansehen.
>
> Ich freue mich, von Ihnen zu hören! Meine Kontaktdaten finden Sie hier.
>
> Mit freundlichen Grüßen
>
> Anita Beispielhofer

Hyperlinks aktivieren

Achten Sie darauf, dass alle Hyperlinks auch wirklich mit den entsprechenden Unterseiten Ihrer Website verknüpft sind.
Ist der Text auf Ihrer Startseite allerdings dermaßen allgemein gehalten, empfiehlt sich zusätzlich ein empfängerspezifisches Anschreiben, das Sie mit dem Link zu Ihrer Homepage versenden. Darin gehen Sie dann individuell auf die gewünschte Stelle und auf den betreffenden Arbeitgeber ein und heben Ihre Qualifikationen hervor, die Sie speziell für diese Tätigkeit haben.

Besser als ein allgemeines Anschreiben ist eines, das zum gewünschten Berufsziel passt.

Wenn Sie ein klar umrissenes Berufsziel haben, auf das Sie sich bewerben, können Sie die Startseite spezifischer gestalten und auf ein Anschreiben verzichten.

> Sehr geehrte Damen und Herren,
>
> vielen Dank dafür, dass Sie sich die Zeit für einen Besuch nehmen. Ich stelle mich Ihnen als Mediendesigner vor.
>
> Zu meinen Qualifikationen: Nach meinem Designstudium an der Kunsthochschule Kassel …

Das Foto setzen Sie auf die Startseite.

Lebensdaten übersichtlich eingeben

Zeugnisscans und Arbeitsproben als PDF hinterlegen

Rechts neben diesem Anschreiben platzieren Sie ein ansprechendes **Bewerbungsfoto**. Das ist bei einer Homepage auf der Startseite besser aufgehoben als auf dem Lebenslauf. Den **Lebenslauf** gestalten Sie wie bei einer E-Mail-Bewerbung. Ihre **Zeugnisse** und **Arbeitsproben** hinterlegen Sie idealerweise als Scan im PDF-Format in einem einzigen Dokument.

Wichtig ist auch die Hinterlegung einer vollständigen **Druckversion Ihrer Bewerbung** in Form einer einzigen PDF-Datei. Damit ersparen Sie einem Interessenten das Speichern und Kopieren jeder einzelnen Unterseite Ihrer Homepage.

Geben Sie Ihre Kontaktdaten an – möglichst auf jeder Seite.

Vergessen Sie nicht, Ihre **Kontaktdaten** inklusive Anschrift, Telefon- und Handynummer sowie E-Mail-Adresse anzugeben. Um einem Besucher Ihrer Homepage die Kontaktaufnahme per E-Mail besonders leicht zu machen, können Sie auch ein Kontaktformular anbieten.

Was Sie vermeiden sollten

Halten Sie die Bewerbungshomepage schlicht und übersichtlich.

Vermeiden Sie auf Ihrer Bewerbungshomepage unbedingt alle Elemente, die die Ladezeiten unnötig erhöhen oder Persönliches über Sie preisgeben, zum Beispiel Videos, akustische Dateien, Urlaubs- und sonstige private Bilder, private Favoritenlisten, etwa von Büchern oder Musik, sowie sonstige Hinweise auf Ihr Privatleben. Stehen Sie dem Erfolg Ihrer eigenen Bewerbungshomepage auch nicht mit anderen Websites und Veröffentlichungen im Weg. Schalten Sie private Websites für die Dauer der Kampagne möglichst ab.

Technische Hinweise

Der Inhalt Ihrer Homepage sollte bei einer Auflösung von 1280 × 800 Pixeln auf eine Bildschirmseite passen, wobei Sie eine Bildschirmgröße von 17 Zoll zugrunde legen.

Ein Passwortschutz verhindert, dass Unbefugte Ihre Bewerbung lesen.

Zum Schutz vor unbefugten Besuchern sollten Sie einen Passwortschutz einrichten.

Versenden Sie den Link zu Ihrer Homepage an potenzielle Arbeitgeber.

Den Link zu Ihrer Bewerbungshomepage versenden Sie mitsamt Passwort per E-Mail an potenzielle Arbeitgeber. Auch hier sollten Sie sich die Mühe machen, den zuständigen Ansprechpartner herauszufinden und die E-Mail direkt an seine persönliche Firmenadresse zu senden und nicht etwa an die allgemeine Firmenadresse »info@unternehmen.com«.

Persönliches Anschreiben gegebenenfalls im Anhang versenden

Ihre Chancen erhöhen Sie, wenn Sie zusätzlich zum Link ein **persönliches Anschreiben** anhängen. Darin können Sie auf die individuellen Bedürfnisse des jeweiligen Arbeitgebers eingehen und auf Ihre speziellen Qualifikationen für die ausgeschriebene Stelle hinweisen.

> An: Sabine.Seifried@unternehmen.de
> Cc:
> Bcc:
>
> Betreff: Bewerbung als Maschinenbauingenieur
>
> Sehr geehrte Frau Dr. Seifried,
>
> in der Berliner Morgenpost schreibt Ihr Unternehmen eine Stelle für einen Maschinenbauingenieur aus, die sehr gut zu meinen Qualifikationen und meinem Werdegang passt.
>
> Die nötige Erfahrung im Bereich der Antriebstechnik bringe ich mit und auch ein Auslandseinsatz stellt für mich kein Problem dar. Ich habe bereits einige Jahre in Südkorea gearbeitet und würde gern wieder ins Ausland – und speziell nach Asien – gehen.
>
> Bitte berücksichtigen Sie meine Bewerbung, die Sie als Homepage unter folgendem Link abrufen können:
>
> www.profil.peter-mustermann.de
>
> Ihr persönliches Passwort lautet: ...
>
> Ich würde mich freuen, von Ihnen zu hören, und bin gern für Sie da, wenn Sie noch Fragen zu meiner Bewerbung haben.
>
> Mit freundlichen Grüßen
>
> Peter Mustermann

Die Mappenbewerbung

Mitunter wird noch die klassische Bewerbungsmappe gefordert.

Ein Teil der Arbeitgeber favorisiert nach wie vor die Bewerbung auf dem Postweg. Wenn in einer Stellenanzeige ausdrücklich eine Mappenbewerbung gefordert ist, müssen Sie diesem Wunsch nachkommen.
Wenn Sie sich für die klassische schriftliche Bewerbung entschieden haben, brauchen Sie alle Schriftstücke, die für eine E-Mail-Bewerbung ebenfalls wichtig sind, nur in ausgedruckter Form:

Die Bestandteile einer Bewerbung

- ein auf den Empfänger zugeschnittenes Anschreiben, in dem Sie auf die Anforderungen im Stellenprofil eingehen und erklären, dass Sie diese erfüllen;
- einen Lebenslauf, der Ihre Qualifikationen belegt;
- ein gutes Porträtfoto (außer bei Auslandsbewerbungen);
- Kopien Ihrer Schul- und Ausbildungszeugnisse sowie der Arbeitszeugnisse von bisherigen beruflichen Tätigkeiten als Nachweise für Ihre Fachkompetenz und die Soft Skills;
- gegebenenfalls sonstige Belege, zum Beispiel Praktikumsnachweise, Weiterbildungszertifikate oder Referenzen;
- eine ansprechende Bewerbungsmappe;
- einen DIN-C4-Umschlag, Klebeadressetiketten und passende Briefmarken.

Gestalten Sie Ihre Bewerbungsmappe sorgfältig. Dabei können Sie sich an den Hinweisen aus dem Abschnitt »Grundlagen für Anschreiben und Lebenslauf« orientieren.

Was in die Mappe gehört

Anschreiben nicht einheften

Das Anschreiben wird nicht eingeheftet, sondern liegt obenauf lose auf der Mappe, also separat im Versandumschlag. Bei einer durchsichtigen Mappe kann das Anschreiben auch als erstes Blatt in die Mappe – aber lose – eingelegt werden. In die Mappe heften Sie dann die übrigen Unterlagen, also den Lebenslauf mit Foto, Ihre Zeugnisse und die sonstigen Nachweise.

Grundsätzlich keine Originale versenden, sondern nur Kopien

Wichtig: In eine Bewerbung gehören nie die Originale, sondern immer nur Kopien. Selbst Beglaubigungen sind nur dann nötig, wenn das ausdrücklich verlangt wird. Halten Sie die Originale fürs Vorstellungsgespräch bereit.

Was bringt ein Deckblatt?

Kein Muss, aber sehr dekorativ: das Deckblatt

Ob es schöner aussieht, wenn Sie die erste Seite Ihrer Mappe als Deckblatt gestalten, bleibt Ihrem Geschmack überlassen. Einiges spricht dafür, ein Deckblatt zu gestalten:

- Ihre Bewerbung hebt sich optisch von den anderen Bewerbungen ab und wirkt professionell.
- Der Empfänger sieht, Sie haben die Bewerbung individuell erstellt. Es ist keine Massensendung, die Sie ihm geschickt haben.
- Sie vermeiden Platzmangel im Lebenslauf, indem Sie das Foto auf dem Deckblatt unterbringen.
- Ihr Bewerbungsfoto kommt besser zur Geltung.

So sieht ein Deckblatt aus

Auf dem Deckblatt kommt Ihr Foto besser zur Geltung als auf dem Lebenslauf.

Das Deckblatt dient vor allem der optischen Gestaltung der Bewerbung. Seien Sie daher sparsam mit Text. Folgendes gehört auf ein Deckblatt:

- Ihr Name (mitsamt Titel, Ausbildungsstand und/oder Position)
- Ihre komplette Anschrift inklusive Telefonnummer und E-Mail-Adresse
- Ihr Bewerbungsfoto (als Abzug und nicht als Ausdruck)
- Die Bezeichnung der angestrebten Stelle
- Das Aktenzeichen oder die Kennziffer (falls in der Stellenanzeige angegeben)
- Die Anschrift des potenziellen Arbeitgebers
- Der Empfänger, an den Sie Ihre Bewerbung richten (Personalverantwortlicher, Chef, Inhaber etc.)
- Eine Liste aller Anlagen (Lebenslauf, Nachweise, Zeugnisse, Arbeitsproben; nicht obligatorisch)

Musterdeckblatt

Bewerbung als Assistentin der Geschäftsleitung

Herrn
Dr. Marius Ebner
Terrapro Solar AG
Ingolstädter Straße 134
80635 München

Elke Wiesinger
Breite Straße 20
86158 Augsburg
Tel.: 0821 111222333
Mobil: 0171 1223334444
E-Mail: wiesinger@t-online.de

Anlagen
Zeugnisse
Praktikumsnachweise
Arbeitsproben

Wichtig ist, dass die Bewerbung ordentlich wirkt und ausreichend frankiert ist.

Umschlag, Adressierung und Porto

Über die Art und Gestaltung des Umschlags, in dem Sie Anschreiben und Bewerbungsmappe verschicken, brauchen Sie sich keine allzu großen Gedanken zu machen. Ansprechend und am wenigsten aufwendig ist es, Sie verwenden einen Fensterbriefumschlag in DIN-C4-Größe. Dann sparen Sie sich die Beschriftung, weil die Empfängeradresse des Anschreibens im Brieffenster erscheint.

Absendervermerk nicht nur auf dem Umschlag

Ihre eigene Adresse mit allen Kontaktangaben gehört unbedingt auf das Anschreiben und auf den Lebenslauf. Der Umschlag wird sehr wahrscheinlich weggeworfen, und als Bewerber sind Sie dann ohne zusätzliche Recherche nicht mehr auffindbar.

Aktuelle Arbeitgeber als Empfänger ausschließen

Bewerben Sie sich auf eine Chiffre-Anzeige oder über einen Personalberater? Dann sollten Sie verhindern, dass Ihre Bewerbung an jemanden weitergereicht wird, der sie auf keinen Fall erhalten soll. Schließen Sie beispielsweise Ihren derzeitigen Arbeitgeber aus, wenn Sie sich aus ungekündigter Stellung heraus bewerben. Er muss nicht erfahren, dass Sie sich anderswo nach einer neuen Stelle umsehen. Das erreichen Sie mit dem sogenannten Sperr- oder Weiterleitungsvermerk, den Sie gut sichtbar auf den Umschlag schreiben.

Sperrvermerk
Bitte nicht weiterleiten an:
1. Fa. Krantz & Söhne Maschinentechnik
2. Reedenbosch GmbH & Co. KG

Die schlimmsten Bewerbungsfehler

Ob E-Mail-, Onlineformular oder Mappenbewerbung: Folgende Fehler, die bei schriftlichen Bewerbungen immer wieder auftauchen, sollten Sie unbedingt vermeiden:

Rechtschreib- und Grammatikfehler

Fehlerhafte Bewerbungen werden oft sofort aussortiert.

Auf eine normgemäße Rechtschreibung und Grammatik wird in Bewerbungen generell viel Wert gelegt. Wenn die Tätigkeit, um die Sie sich bewerben, ein gutes schriftliches Ausdrucksvermögen verlangt, versteht sich das von selbst. Schließlich muss der Stelleninhaber das künftige Unternehmen im Schriftverkehr mit Kunden und Geschäftspartnern, in Präsentationen, Dokumentationen, Schulungsunterlagen oder Gutachten angemessen nach außen repräsentieren.
Aber selbst wenn Sie eine Stelle anstreben, in der es wirklich nicht auf schriftliches Ausdrucksvermögen ankommt, sollten Sie Fehler vermeiden. Sie müssen immer damit rechnen, dass die erste Auswahl nicht der oder die Personalverantwortliche vornimmt, sondern zum Beispiel eine Sekretärin. Sie wird nicht unbedingt nach den Qualifikationen der einzelnen Bewerber gehen, sondern zunächst nach formalen Kriterien entscheiden und diejenigen Bewerbungen aussortieren, die Fehler enthalten.

Flüchtigkeitsfehler beim Überschreiben eines Dokuments

Typische Fehler, die am Computer passieren

So hilfreich Textverarbeitungsprogramme bei Bewerbungen sind – sie bergen auch Gefahren. Denn gerade bei nachträglich geänderten Sätzen kommt es häufig vor, dass

- der Firmenname oder der Ansprechpartner aus der vorigen Bewerbung stehen bleibt,
- Wortendungen nicht angepasst werden,
- Wörter beim Umstellen aus Versehen stehen bleiben (häufig bei zusammengesetzten Verben),
- das Subjekt in der Einzahl steht und das Verb in der Mehrzahl (oder umgekehrt),
- die Zeichensetzung nicht mehr stimmt.

Lesen Sie Ihre Unterlagen daher sorgfältig durch – nicht am Bildschirm, sondern auf Papier. Drucken Sie die Dokumente aus, bevor Sie eine E-Mail-Bewerbung abschicken. So lassen sich Fehler besser entdecken. Am besten bitten Sie eine weitere Person, Ihr Anschreiben und Ihren Lebenslauf zusätzlich Korrektur zu lesen.

Die gleiche Bewerbung für alle Empfänger

Massenbewerbungen sind chancenlos.

Häufig hört man von Bewerbern, die schon hundert Bewerbungen und mehr versendet und immer nur Absagen bekommen haben. Das passiert vor allem, wenn Bewerbungen nicht auf die einzelnen Empfänger ausgerichtet sind. Wer allen potenziellen Arbeitgebern die gleiche Bewerbung schickt, sollte sich über Absagen nicht wundern. Besser ist es, die Bewerbungen stets individuell anzupassen: Schreiben Sie Ihren Bewerbungsbrief immer mit Blick auf den jeweiligen Empfänger und das entsprechende Stellenprofil. Sprechen Sie den Empfänger persönlich an. Versuchen Sie auch im Lebenslauf die Tätigkeiten und Qualifikationen herauszuarbeiten, auf die es im Hinblick auf die gewünschte Stelle ankommt.

Ich – ich – ich

Nicht nur von sich reden, sondern auch vom potenziellen Arbeitgeber

Keine Frage, in einer Bewerbung geht es vorrangig um Sie als Bewerberin oder Bewerber. Das heißt aber nicht, dass Sie nur von sich reden dürften. Machen Sie im Anschreiben klar, dass Sie sich mit dem Empfänger auseinandergesetzt haben, dass Sie wissen, worauf es ihm ankommt und wodurch er sich auszeichnet. So sammeln Sie Pluspunkte.

Widersprüche und Unstimmigkeiten

Unbedingt prüfen: Stimmen alle Daten mit denen auf Ihren Zeugnissen überein?

Ihre Angaben im Anschreiben müssen mit denen im Lebenslauf übereinstimmen. Noch wichtiger – und das übersehen Bewerbern mitunter – ist aber eine Übereinstimmung zwischen den Zeitangaben im Lebenslauf und den Daten auf den Zeugnissen. Auf jedem Schul- und Ausbildungszeugnis steht ein Datum. In jedem Arbeitszeugnis ist zudem festgehalten, von wann bis wann ein Arbeitnehmer für den jeweiligen Arbeitgeber tätig war. Bei offenkundigen Unstimmigkeiten wird eine Bewerbung sofort aussortiert.

Auffallen um jeden Preis

Ihre Bewerbung sollte sich durchaus von der Menge anderer Bewerbungen abheben – aber möglichst positiv. Das erreichen Sie nicht durch eine schrille Gestaltung. Tabu sind schrille Farben, unübliche Formate und reißerische Extras. Überzeugen Sie stattdessen durch einen guten Inhalt und einen geschmackvollen, gediegenen Gesamteindruck Ihrer Bewerbung.

Typische Fehler bei Mappenbewerbungen

Farbiges Papier oder Umweltschutzpapier

Nur weißes Papier lässt sich problemlos kopieren.

Wählen Sie für Ausdrucke und Kopien am besten weißes Papier. Viele Arbeitgeber, vor allem aber Personalberater, kopieren am Anfang des Auswahlverfahrens die gesamte Bewerbung, bevor sie sie zum Beispiel an die Fachabteilung oder den Kunden weiterreichen, für den sie eine Stelle besetzen wollen. Kopien von farbigem Papier sind meist schlecht zu lesen – das ist ein entscheidender Nachteil. Ähnliches gilt für Umweltschutzpapier.

Knicke, Schmutz, Geruch

Die Bewerbung muss sauber und ordentlich aussehen und darf nicht nach Rauch riechen.

Achten Sie darauf, dass alle Unterlagen knick-, schmutz- und geruchsfrei sind. Sonst liegt der Verdacht nahe, dass Sie die Unterlagen wiederverwendet haben oder es mit Ordnung und Sauberkeit nicht so genau nehmen. Besonders aufpassen sollten Raucher: Der Geruch nach Zigarettenrauch fällt (zumindest Nichtrauchern) sofort auf. Achten Sie daher auf eine rauchfreie Umgebung, wenn Sie Ihre Unterlagen für die Bewerbung ausdrucken, kopieren und zusammenstellen. Unterlagen, die nach Rauch riechen, sind für eine Bewerbung nicht zu gebrauchen.

Verdächtige Klarsichthüllen

Klarsichthüllen sind bei Personalverantwortlichen unbeliebt.

Es ist weder üblich noch empfehlenswert, jedes einzelne Blatt in eine Klarsichthülle zu stecken. Wer das tut, stößt den Empfänger geradezu mit der Nase darauf, dass er die Bewerbung mehrfach verwenden will. Und vor allem aber erschweren es Klarsichthüllen, die Unterlagen zu kopieren.

Vergessene Unterschriften

Unterschriften nicht vergessen

Prüfen Sie vor dem Zukleben des Umschlags unbedingt, ob Sie Anschreiben und Lebenslauf eigenhändig unterschrieben haben. Ein Unterschriftenscan wäre bei der Mappenbewerbung ein Fauxpas.

Fazit: Worauf Sie achten sollten

Je persönlicher, desto besser: Legen Sie Ihre Qualifikationen dar und konzentrieren Sie sich dabei auf Ihre Stärken.

Unabhängig davon, auf welchem Weg Sie sich bewerben – inhaltlich müssen Sie immer die gleichen Dinge bei einer Bewerbung beachten.

- Individueller Zuschnitt: Je genauer Sie auf den Empfänger und seine Bedürfnisse eingehen, desto besser.
- Darlegung Ihrer Eignung: Erwähnen Sie im Anschreiben nicht all Ihre Qualifikationen und Erfahrungen, sondern diejenigen, die zum konkreten Anforderungsprofil passen.
- Konzentration auf Ihre Stärken: Manche Bewerber lassen sich über ihre Schwächen, Behinderungen, Einschränkungen oder auch über eine vermeintlich ungerechte Behandlung in Schule, Studium oder Berufsleben aus. Das gehört nicht in eine Bewerbung. Konzentrieren Sie sich auf Ihre Stärken und nicht auf Ihre Schwächen.

Abwarten oder nachfassen?

Geduld ist angebracht – aber unnötiges Warten lässt sich vermeiden.

Im Laufe eines Bewerbungsverfahrens werden immer wieder Phasen vorkommen, in denen Sie auf die Antwort von einem potenziellen Arbeitgeber warten. Natürlich benötigt der Empfänger eine angemessene Zeit, um die Bewerbungen zu bearbeiten. Doch gibt es auch Situationen, in denen Sie selbst das Warten abkürzen können, indem Sie gezielt nachhaken, was aus Ihrer Bewerbung geworden ist. Das geht – sofern Sie es sich zutrauen – ohne Weiteres per Telefon.

Am besten schriftlich nachfassen

Besser als ein Anruf ist eine Nachfass-E-Mail, denn schriftlich können Sie Ihr Anliegen sorgfältiger formulieren. Außerdem wirkt eine E-Mail weniger aufdringlich als ein Telefonanruf. Der Empfänger kann sich dann mit Ihrer Anfrage befassen, wann es ihm am besten passt. Nachfassbriefe sind kaum mehr üblich, weil in der Regel nicht nur in Onlinestellenanzeigen, sondern auch in jeder Print-Stellenanzeige die E-Mail-Adresse des zuständigen Personalverantwortlichen steht.

Inhalt der Nachfass-E-Mail: Vermeiden Sie Forderungen

Vorwürfe vermeiden

Auch wenn Sie lange gewartet haben und verärgert sind, dass Sie noch keine Antwort auf Ihre Bewerbung haben, sollte Ihre Nachfass-E-Mail freundlich und verbindlich sein. Vor allem sollten Sie

- nicht fordernd oder vorwurfsvoll formulieren,
- den Empfänger nicht zur Eile anhalten (zum Beispiel zu einer schnellen Entscheidung),
- Anspielungen auf schlechte Organisation oder Nachlässigkeit vermeiden,
- nicht den Anschein erwecken, Sie hätten die Stelle besonders dringend nötig.

Meist sind vier bis sechs Wochen Wartezeit angebracht.

Der richtige Zeitpunkt: Wann Sie nachfassen sollten

Fragen Sie auf keinen Fall – weder telefonisch noch schriftlich – zu früh nach, sonst verärgern Sie damit unter Umständen den Empfänger. Das gilt vor allem, wenn dieser noch mit der Vorauswahl beschäftigt ist. Umgekehrt dürfen Sie aber auch den Zeitpunkt nicht verpassen, an dem die Vorauswahl (Einladung zum Vorstellungsgespräch) oder die endgültige Auswahl (nach dem Vorstellungsgespräch) getroffen wird. Die folgende Tabelle zeigt Ihnen, mit welchen Lauf- und Prüfzeiten (= Wartezeiten für den Bewerber) Sie normalerweise rechnen müssen.

Erst wenn diese Fristen verstrichen sind, ohne dass Sie etwas vom Empfänger Ihrer Bewerbung hören, lohnt es sich nachzufassen.

Wenn Sie sich per E-Mail beworben haben, können Sie nach ein bis zwei Wochen nachhaken. Bei einer klassischen Mappenbewerbung müssen Sie sich in der Regel länger gedulden. Ein Nachfassen ist hier erst nach ca. drei Wochen empfehlenswert.

Übersicht: Übliche Lauf- und Prüfzeiten einer Bewerbung

Nachricht des Arbeitgebers	**Lauf- und Prüfzeiten (= Wartezeiten)**
Stellenausschreibung	Dauer der Bewerbungsfrist: zwei Wochen
Zwischenbescheide	Vier bis sechs Wochen nach der Stellenausschreibung
Einladungen zum Vorstellungsgespräch	Drei bis sechs Wochen nach dem Zwischenbescheid
Zusagen (schriftlich oder mündlich)	Spätestens ein bis zwei Wochen nach dem Vorstellungsgespräch
Absagen	Etwas später als Zusagen, spätestens zwei bis drei Wochen nach dem Vorstellungsgespräch
Alternative: Einladungen zum Zweitgespräch	Spätestens zwei Wochen nach dem ersten Vorstellungsgespräch
Zusagen (schriftlich oder mündlich)	Spätestens zwei Wochen nach dem zweiten Vorstellungsgespräch
Absagen	Etwas später als Zusagen, spätestens zwei Wochen nach dem zweiten Vorstellungsgespräch

Der richtige Empfänger

Schicken Sie Ihre Nachfass-E-Mail auf jeden Fall an denselben Empfänger, an den Sie Ihre Bewerbung gerichtet haben. Die Annahme, andere Personen könnten durch die Erinnerung das Verfahren beschleunigen, ist falsch. Es wäre auch ein Fehler, die Erinnerung an allgemeine Firmenadressen, zum Beispiel info@firma.de, zu senden. Ein Personalverantwortlicher könnte sich sonst brüskiert fühlen, weil vor ihm noch andere Mitarbeiter Ihre Nachfass-E-Mail gelesen haben.

Wann eine Nachfass-E-Mail Erfolg verspricht

Eine Nachfassaktion ist nicht immer sinnvoll. Bevor Sie ein Schreiben aufsetzen, sollten Sie deshalb Ihre Situation genau betrachten. In folgenden Fällen empfiehlt es sich, bei Ihrem potenziellen Arbeitgeber nachzufragen:

- **Fall 1:** Sie haben sich auf eine vielversprechende Stelle beworben, bei der Sie sich gute Chancen ausrechnen. Allerdings haben Sie bisher noch keine Antwort auf Ihre Bewerbung bekommen, auch nicht in Form eines Zwischenbescheids.
- **Fall 2:** Den Zwischenbescheid haben Sie schon vor längerer Zeit erhalten und Sie fragen sich, was aus Ihrer Bewerbung geworden ist.
- **Fall 3:** Sie haben eine Initiativbewerbung verschickt und das Unternehmen hat darauf noch nicht reagiert.
- **Fall 4:** Das Vorstellungsgespräch ist gut verlaufen, aber Sie haben ernst zu nehmende Konkurrenz. Deshalb möchten Sie die Entscheidung zu Ihren Gunsten beeinflussen.

Fall 1: Sie haben noch keine Antwort bekommen

Wenn Sie innerhalb der üblichen Fristen keinen Zwischenbescheid erhalten haben, können Sie ruhig nachhaken, per Telefon oder per E-Mail. Anrufen sollten Sie allerdings nur, wenn eine Telefonnummer im Stellenangebot genannt war

Ihre Erinnerung darf auf keinen Fall verärgert klingen.

oder bereits vorher Telefonkontakt bestand. Anderenfalls schreiben Sie besser eine freundliche E-Mail. Drücken Sie Ihre Verwunderung aus, dass Sie noch nichts gehört haben. Fragen Sie nach, ob die Bewerbung angekommen ist. Eventuell können Sie auch nochmals Interesse an der offenen Stelle bekunden. Wiederholen Sie aber nichts, was schon im Anschreiben zu Ihrer Bewerbung steht. Vergessen Sie auf keinen Fall, noch einmal Ihre Signatur mit den Kontaktdaten in die Nachfass-E-Mail einzufügen.

Mustertext: Wenn kein Zwischenbescheid angekommen ist

Vor einem knappen Monat habe ich Ihnen meine Bewerbung auf die Stelle einer Lohnbuchhalterin in Ihrem Hause zugesendet. Da ich seitdem noch nichts von Ihnen gehört habe, mache ich mir Sorgen, ob meine Bewerbungs-E-Mail womöglich gar nicht angekommen ist.
Bitte geben Sie mir Bescheid, ob Sie meine Unterlagen erhalten haben. Falls nicht, sende ich sie Ihnen gern noch einmal zu. Ich würde mich freuen, wenn Sie mich als Kandidatin in Betracht ziehen würden.

Fall 2: Der Versand des Zwischenbescheids liegt schon längere Zeit zurück

Sie sollten davon absehen nachzufassen, wenn im Zwischenbescheid steht, man möge auf Nachfragen verzichten.

»Danke für die Überlassung Ihrer Bewerbung. Die Prüfung der Unterlagen wird einige Zeit beanspruchen. Bitte haben Sie so lange Geduld. Wir werden uns zu gegebener Zeit wieder an Sie wenden.« Wenn Sie ein solches Schreiben bekommen haben, dann sollten Sie mit dem Nachhaken etwas länger warten, etwa vier bis sechs Wochen. Haben Sie dann weder eine Absage noch eine Einladung zum Vorstellungsgespräch bekommen, können Sie durchaus per E-Mail an Ihre Bewerbung erinnern.
Beim Nachhaken trotz Zwischenbescheid ist Vorsicht geboten. Nehmen Sie auf das Schreiben Bezug, damit Ihr Nachfassbrief nicht den Eindruck erweckt, Sie würden die Bitte um Geduld ignorieren. Fragen Sie höflich, bis wann Sie mit einer Antwort auf Ihre Bewerbung rechnen können.

Mustertext: Nach Erhalt des Zwischenbescheids

Bitte entschuldigen Sie, wenn ich mich heute mit einer Frage an Sie wende. Vor rund zwei Monaten habe ich mich bei Ihrem Unternehmen als Assistentin der Geschäftsleitung beworben. Zwei Wochen später erhielt ich Ihren Zwischenbescheid, in dem Sie um Geduld baten. Da dieser Zwischenbescheid aber schon vor mehr als sechs Wochen kam, bin ich etwas verunsichert, ob das Bewerbungsverfahren noch läuft oder ob eine spätere Rückmeldung von Ihrer Seite mich womöglich nicht erreicht hat. Über eine kurze Information zum Stand des Bewerbungsverfahrens würde ich mich freuen.

Fall 3: Sie haben eine Initiativbewerbung verschickt

Bei einer Initiativbewerbung lohnt sich das Nachhaken.

Auch bei einer Initiativbewerbung sollten Sie nachhaken, wenn Sie nach drei bis sechs Wochen noch keine Antwort haben. Manchmal gibt es auch bei Initiativbewerbungen einen Zwischenbescheid, etwa mit der Aussage, dass Ihre Bewerbung an die verschiedenen Abteilungen des Hauses weitergeleitet wird, um zu prüfen, ob Bedarf besteht. In einem solchen Fall haken Sie etwa drei Wochen später nach. Da Sie die Initiativbewerbung unaufgefordert verschickt haben, müssen Sie in Ihrer Nachfass-E-Mail Verständnis signalisieren, wenn der Empfänger sich mit der Bearbeitung Zeit lässt. Am besten fragen Sie, ob sich eine Einsatzmöglichkeit gefunden hat. Bieten Sie dem potenziellen Arbeitgeber an, die Bewerbung zu behalten für den Fall, dass er später darauf zurückkommen will.

Mustertext: Nach einer Initiativbewerbung

Vor rund zwei Monaten habe ich Ihnen meine Initiativbewerbung als Steuerfachgehilfe geschickt. Sie informierten mich kurz darauf, dass Sie meine Bewerbung in Ihrer Kanzlei herumreichen würden, um nach Einsatzmöglichkeiten für mich zu suchen. Da ich seitdem nichts gehört habe, möchte ich Sie nach dem aktuellen Stand fragen: Haben Sie bereits eine Rückmeldung auf meine Bewerbung bekommen? Ich habe natürlich Verständnis dafür, wenn Sie noch einige Zeit benötigen, um meine Bewerbung gründlich zu prüfen. Ich freue mich aber, wenn ich von Ihnen höre.

Wer nach dem Vorstellungsgespräch noch einmal betont, wie gern er die Stelle hätte, erhöht seine Chancen.

Fall 4: Ihr Vorstellungsgespräch ist gut verlaufen

Sie waren beim Vorstellungsgespräch oder einem Auswahltag und sind mit einem Hochgefühl herausgekommen, weil es sehr gut gelaufen ist? Aber Sie wissen auch, dass Sie ernst zu nehmende Konkurrenz unter den anderen Bewerbern haben? In dieser Situation kann eine geschickt formulierte Nachfass-E-Mail Ihnen einen Vorteil bringen. Dann sollten Sie allerdings nicht lange zögern, sondern Ihre Erinnerung unmittelbar ein oder zwei Tage nach dem Vorstellungsgespräch abschicken, damit sie noch Wirkung zeigt.

Kurz bevor die endgültige Entscheidung fällt, hat eine solche Nachfassaktion die größten Erfolgsaussichten: Schließlich kommt es häufiger vor, dass am Schluss der Bewerberauswahl zwei oder drei gleichermaßen geeignete Kandidaten übrig sind. Ein Personalverantwortlicher sucht dann regelrecht nach Argumenten, die den Ausschlag geben könnten. Wenn Sie jetzt nachfassen, liegen Sie genau richtig: Sie zeigen Initiative und – vielleicht das wichtigste Argument – räumen die letzten Zweifel aus, ob Sie die Stelle im Fall einer Zusage auch wirklich antreten.

Bringen Sie im Nachfassbrief keine neuen Fakten über Ihre Person ins Spiel.

In der Nachfass-E-Mail nach dem Vorstellungsgespräch sollten Sie weder Inhalte des Anschreibens aufgreifen noch mit neuen Qualifikationen (zum Beispiel: »Übrigens kann ich auch noch ...«) aufwarten. Über Ihre Eignung müsste zu diesem Zeitpunkt längst alles gesagt sein. Stattdessen

- bedanken Sie sich für das (Vorstellungs-)Gespräch,
- erwähnen Sie, dass Sie selbst einen sehr positiven Eindruck gewonnen haben,
- betonen Sie, dass Ihnen wirklich an der Stelle liegt und dass Sie sie im Fall einer Zusage auf jeden Fall antreten werden.

Mustertext: Nach Vorstellungsgespräch oder Auswahltag

Herzlichen Dank für Ihre Einladung zum Vorstellungsgespräch. Ihre Aussagen zur Firma, die freundliche Aufnahme und das Gespräch mit Ihnen haben mich in meinem Wunsch bestärkt, für Sie zu arbeiten. Sehr gern würde ich die Stelle annehmen, und ich freue mich auf Ihre Rückmeldung.

Termindruck führt meist zu einer Absage.

Wenn Sie zwei Stellen in Aussicht haben, setzen Sie den Empfänger nicht unter Termindruck. Der Satz »Ich brauche Ihre Entscheidung bis morgen, weil man mir noch eine weitere Stelle angeboten hat« führt ziemlich sicher zu einer Absage. Sie signalisieren dem Empfänger damit, dass Sie die Stelle vielleicht nicht antreten. Daher wird er sich nun eher für einen anderen Bewerber entscheiden. Überlegen Sie sich erst, welche Stelle Sie lieber antreten würden. Ist es die Stelle, für die Sie noch keine Zusage haben, haken Sie am besten telefonisch nach und erklären Ihre Lage.

Telefonisch um eine schnelle Zu- oder Absage bitten
»Der von Ihnen angebotene Arbeitsplatz ist mein absoluter Wunscharbeitsplatz. Parallel habe ich aber jetzt eine Zusage von einem anderen Arbeitgeber. Ich muss mich in den nächsten Tagen für oder gegen das Angebot entscheiden. Am liebsten würde ich aber für Sie und Ihr Unternehmen tätig werden. Darf ich Sie in Anbetracht dieser Situation ausnahmsweise um eine schnelle telefonische Vorabzusage oder Absage bitten?«

Wenn Sie Unterlagen zurückverlangen müssen

Bitten Sie höflich um Rückgabe, wenn Sie keine Rückmeldung bekommen, Ihre Bewerbung aber teure Arbeitsproben enthält.

Immer wieder kommt es vor, dass eine postalisch versendete Bewerbungsmappe weder beantwortet noch zurückgesandt wird. Ärgerlich ist das vor allem, wenn Sie sich um eine Anstellung im Kreativbereich beworben und teure Arbeitsproben beigelegt haben, zum Beispiel Farbkopien, CDs, teure Fotoabzüge oder Videobänder. Vielleicht haben

Sie sogar Originale verschickt, deren Reproduktion Ihnen zu aufwendig erschien. In einem solchen Fall machen Sie nichts falsch, wenn Sie den Empfänger darum bitten, die Unterlagen zurückzuschicken.

Mustertext: Bitte um Rückgabe der Unterlagen

Vor rund vier Monaten gab ich Ihnen bei einer Jobbörse meine Bewerbung als Designerin in Ihrer Agentur. Seitdem habe ich nichts mehr von Ihnen gehört. Heute wende ich mich an Sie mit der Bitte, mir meine Bewerbungsmappe zurückzusenden. Sollten Sie sie noch benötigen, geben Sie mir einfach Bescheid. In diesem Fall bin ich selbstverständlich damit einverstanden, dass Sie sie weiterhin behalten.

Bleiben Sie auf jeden Fall freundlich im Ton, auch wenn Sie vielleicht Monate gewartet haben. Formulieren Sie Ihr Schreiben nicht als Forderung, sondern bitten Sie darum, Ihre Bewerbung zurückzusenden. Signalisieren Sie Ihr Einverständnis für den Fall, dass der Empfänger die Unterlagen weiter benötigt, um gegebenenfalls zu einem späteren Zeitpunkt auf Sie zurückzukommen.

Register